.

BIBLIOTHÈQUE DU JARDINIER

PUBLIÉE

AVEC LE CONCOURS DU MINISTRE DE L'AGRICULTURE

LES

ORCHIDÉES

CULTURE, PROPAGATION, NOMENCLATURE

PAR

G. DELCHEVALERIE

PARIS

LIBRAIRIE AGRICOLE DE LA MAISON RUSTIQUE

26, RUE JACOB, 26

LES ORCHIDÉES

ORLÉANS, IMPRIMERIE DE GEORGES JACOB, CLOITRE SAINT-ÉTIENNE, 4.

BIBLIOTHÈQUE DU JARDINIER

PUBLIÉE

AVEC LE CONCOURS DU MINISTRE DE L'AGRICULTURE.

LES

ORCHIDÉES

CULTURE, PROPAGATION, NOMENCLATURE

PAR

G. DELCHEVALERIE

Ex jardinier-chef multiplicateur de la ville de Paris
Jardinier en chef des palais, parcs royaux et jardins publics égyptiens.

OUVRAGE ORNÉ DE 32 GRAVURES

PARIS

LIBRAIRIE AGRICOLE DE LA MAISON RUSTIQUE

26, RUE JACOB, 26

LES ORCHIDÉES

CONSIDÉRATIONS GÉNÉRALES.

Dans les pays où croissent les Orchidées cultivées dans nos serres chaudes et tempérées, on désigne vulgairement sous le nom de *terres chaudes* les parties qui commencent au niveau de la mer, et qui s'élèvent jusqu'à 2,000 pieds; de *terres tempérées* celles qui comprennent toute la région tempérée entre 2,000 et 6,000 pieds, et de *terres froides,* les régions qui se trouvent au-dessus de 6,000 pieds d'altitude.

Les terres chaudes comprenant généralement les plages arides et desséchées par un soleil brûlant, ne renferment qu'un petit nombre d'Orchidées, et, d'après M. de Humboldt, ce serait dans la zone tempérée et même dans la partie la moins chaude, entre 4,800 et 6,600 pieds au-dessus du niveau de la mer, qu'habitent le plus grand nombre et les plus belles espèces ; ce serait donc sous l'influence d'une température dépassant rarement 28° centigrades et ne descendant jamais au-dessous de 12°, que croissent naturellement les Orchidées

cultivées dans nos serres chaudes. Il n'est donc pas nécessaire, ainsi qu'on l'a cru longtemps, de leur procurer la température des terres chaudes, puisqu'elles croissent pour la
plupart dans les zones tempérées ; celles qui croissent à des
hauteurs plus considérables encore peuvent être cultivées en
serre tempérée et même en serre froide.

Le climat des pays où croissent les Orchidées varie sensiblement selon la latitude ou l'altitude des lieux ; ainsi, en
partant de la côte ou des plaines basses du niveau de la mer,
pour se diriger vers les montagnes et les plateaux de l'intérieur, on arriverait de la zone torride, où la chaleur est ex-
cessive, en passant par les zones tièdes et tempérées, aux
régions froides et glaciales où les neiges sont éternelles.

La zone tempérée de l'Amérique équatoriale est un des
climats les plus favorables du monde à la végétation ; sous
ses diverses latitudes, où les rayons du soleil sont presque
verticaux pendant l'année entière, on désigne l'hiver comme
la saison des pluies et de la végétation, tandis que l'été est la
saison de la sécheresse et du repos des végétaux.

Lès Orchidées doivent manifestement se ressentir dans nos
serres des alternances des saisons sèches et pluvieuses de leur
pays ; c'est pour cette raison qu'après leur période végétative, il faut leur procurer un état de sécheresse plus ou moins
absolu jusqu'au retour de la végétation.

On trouve les *Orchidées épiphytes* à l'état sauvage, sous
l'ombre épaisse des forêts vierges, souvent appuyées sur des
troncs ou des branches d'arbres, dans les vallées renfermant
une chaleur humide suffisamment élevée pour procurer aux
racines aériennes une alimentation constante pendant toute
l'année. Dans ces régions la végétation est constamment ma-
jestueuse ; il y règne toujours un air salutaire, une vive

lumière, et un printemps perpétuel. Les *Palmiers*, les *Fougères arborescentes*, etc., y rivalisent avec les plus grands arbres, et y protégent de leur abri tout une cohorte de lianes et de plantes épiphytes aux fleurs éclatantes les plus bizarres.

Si on dépasse l'altitude de 6,000 pieds, la chaleur s'abaisse déjà considérablement ; entre 8 et 10,000 pieds, le thermomètre dépasse rarement 20° centigrades vers le milieu de la journée, et la température s'abaisse parfois le matin jusqu'à zéro ; là, existent encore un assez grand nombre d'Orchidées peu sensibles au froid. Entre 10 et 12,000 pieds, on en trouve encore, mais en plus petite quantité, et jusqu'à 14 ou 15,000 pieds au-dessus du niveau de la mer, non loin de la limite des neiges perpétuelles des Andes.

Parmi ces Orchidées, il en est qui produisent leurs fleurs sur des tiges épaisses, aoûtées, dépouillées de feuilles, et cela pendant la saison sèche, et qui trouvent alors les sucs nécessaires à leur développement. D'autres, qui vivent en épiphytes, fleurissent sur des troncs élevés, et parfois même au sommet des grands arbres, pendant qu'il en est qui vont chercher leur nourriture sur des débris d'arbres ou de végétaux amoncelés sur le sol. Il en est aussi, mais en plus petit nombre, qui vivent dans les plaines arides exposées en plein soleil, à des altitudes considérables, où il règne une lumière vive, et parfois une température très-basse.

La famille des Orchidées est une des plus nombreuses du règne végétal ; elle a des représentants dans presque tous les pays du monde ; mais c'est en se dirigeant et en s'approchant des régions tropicales qu'on trouve les plus beaux spécimens de cette merveilleuse famille ; la beauté, l'éclat des fleurs, ainsi que le nombre des espèces, va en augmentant au fur et à mesure qu'on approche de ces pays favorisés de la végétation ; là, les Orchidées, suivant la grande loi de la nature, ne s'implantent plus dans le sol pour y puiser leur nourriture, elles perdent pour la plupart la vie terrestre pour se fixer sur les arbres, en s'accrochant à l'aide de leurs racines, d'une structure toute particulière, sur l'écorce, où elles parcourent les diverses phases de leur vie, puisant dans l'atmosphère qui les environne la chaleur humidifiée qu'elle contient, sans rien emprunter au sol.

En Asie, où sont les plus hautes montagnes du globe, il existe des races d'Orchidées d'une végétation vigoureuse et d'un noble aspect, dans les forêts chaudes et humides de l'Indoustan, etc. ; mais il en est de même qu'en Amérique, c'est à un certain degré d'altitude qu'on en trouve le plus grand nombre. Aux Indes-Orientales, aux îles Philippines, à Bornéo, Sumatra, etc., on trouve des *Phalœnopsis, Renanthera, Vanda, Ærides, Saccolabium, Cœlogyne*, etc., d'une magnificence vraiment hors ligne. Bien que la plupart de ces espèces croissent dans les régions chaudes et humides, et exigent par conséquent une assez forte dose de chaleur pour bien se développer dans nos serres, il en est cependant un bon nombre appartenant aux genres cités ci-dessus, qui croissent à des hauteurs assez considérables et dans des conditions climatériques bien plus tempérées.

De ce qui précède il résulte : que pour bien cultiver les Orchidées qui croissent sous les diverses latitudes et altitudes de ces pays chauds, l'amateur doit disposer : 1º d'une serre chaude humide pour y cultiver les espèces qui proviennent de l'Inde-Orientale, des parties chaudes de l'Asie, etc., et qu[i] croissent dans les bas fonds des terres chaudes jusqu'à envi ron 2,000 pieds d'altitude ; 2º d'une serre tempérée pour les espèces américaines, mexicaines, et des zones tempérées des autres pays chauds ; 3º et d'un compartiment plus froid réservé dans la serre tempérée, pour recevoir pendant la période du repos celles qui proviennent des altitudes les plus considérables ; car, plus les plantes se trouvent dans des conditions climatériques élevées et conséquemment moins chaudes, plus leur saison de repos doit être prolongée.

Un grand nombre d'espèces de serre chaude, c'est-à-dire originaires des vallées chaudes et humides du niveau de la mer ou à peu près, n'ont qu'un court repos et végètent presque constamment ; on leur diminuera tout simplement les arrosages jusqu'au retour de la végétation.

Nous concluons donc que les Orchidées d'Amérique et des contrées tempérées de l'Asie peuvent être cultivées dans des serres chauffées de 10 à 15º centigrades de température moyenne ; celles de l'Inde, et des régions chaudes du globe, dans des serres de 15 à 20º centigrades au moins pendant l'hiver.

Pendant l'été, lorsque le soleil fera monter la chaleur de la serre à Orchidées de l'Inde et des pays chauds au-dessus de 30º centigrades, on pourra commencer l'aération, mais seulement dans le haut, afin d'éviter une trop grande chaleur à l'intérieur. Pour celles d'Amérique et des pays tempérés, cultivées en serre tempérée, on pourra commencer l'aération aussitôt que les rayons solaires feront monter la chaleur à 20º centigrades. Toutes les espèces froides, c'est-à-dire celles qui proviennent d'altitudes considérables, peuvent être maintenues dans des serres tempérées-froides pendant l'hiver, avec 8 à 10º centigrades de chaleur sèche, sans inconvénient. En Angleterre, on les cultive fréquemment dans des serres basses à raisins, où les vignes sont dirigées de manière à ce que la couche de feuillage existant entre les vitres et les Orchidées ne soit que d'une épaisseur moyenne.

Nos collections d'Orchidées se sont considérablement enrichies depuis le commencement de ce siècle ; l'élégante inflorescence de ces plantes, filles de l'air, aux panicules ressemblant à des volées de papillons et d'insectes de toutes formes et de toutes dimensions, exhalant les parfums les plus suaves et les plus délicieux, les firent admettre dans les collections de tous les amateurs d'horticulture. Combien de voyageurs se vouèrent dans ces derniers temps à la recherche périlleuse de ces belles plantes, créées la plupart pour vivre sans toucher la terre, suspendues aux troncs d'arbres sous l'épais ombrage des forêts vierges de l'Inde et autres pays chauds ! Parmi les voyages des botanistes ou naturalistes éminents accomplis en grande partie pour l'introduction en Europe des Orchidées nouvelles, nous pouvons citer en première ligne ceux de MM. J. Linden, L. V. Houtte, J. Veitch, Marius Porte et Libon, ces deux derniers victimes de leur dévoûment à l'horticulture ; G. Wallis, qui parcourt encore en ce moment les affluents de l'Amazone pour le compte de l'établissement Linden, à la recherche des plantes nouvelles et particulièrement des Orchidées (1). Beaucoup d'entre eux, non contents d'en avoir introduit un grand nombre, ont encore publié des travaux d'une grande importance sur les Orchidées et autres plantes

(1) Nous n'essayerons pas ici de faire connaître au lecteur les noms des hommes éminents qui se sont voués aux explorations botaniques depuis le commencement de ce siècle : il faudrait un volume pour en faire l'énumération ; nous renverrons, sur ce sujet, à l'excellent rapport de M. Ed. Morren, sur les plantes de serre à l'Exposition universelle de 1867, rapport qui donne un aperçu détaillé des explorations botaniques au XIXᵉ siècle.

tropicales, qui feront époque dans les annales de l'horticulture. Parmi ces travaux mémorables, nous citerons en première ligne celui du docteur J. Lindley : *Genres et espèces d'Orchidées* (*The genera and species of Orchidaceous plants,* 1 vol. in-8°, publié de 1830 à 1840), contenant la description d'environ deux mille espèces d'Orchidées, comprises dans plus de trois cents genres (1).

Le même auteur publia encore depuis, dans le *Folia orchidacea,* le *Sertum orchidiaceum,* le *Botanical Register,* le *Flower Garden,* etc., un grand nombre d'Orchidées rares et nouvelles.

Le *Xenia orchidacea,* ouvrage magnifique où sont illustrées un grand nombre d'Orchidées remarquables, par Reichenbach fils ; le *Linnœa* et le *Botanische Zeitung,* etc., journaux allemands dans lesquels le même auteur publie également un grand nombre d'Orchidées nouvelles ou rares depuis cette époque.

L'excellent ouvrage de Bateman sur les Orchidées du Mexique et du Vénézuela de Blume sur celles de l'archipel Indien et du Japon ; le *Pescatorea,* publié par MM. Linden, Planchon, Reichenbach fils et Luddemann ; le *Botanical Magazine,* par sir W. Hooker et son fils ; la *Flore des serres et des jardins de l'Europe,* publiée par M. L. V. Houtte ; la *Revue horticole,* par E.-A. Carrière ; la *Belgique horticole,* par M. Ed. Morren ; l'*Illustration horticole,* par Ch. Lemaire ; le IVᵉ volume du *Manuel général des plantes, arbres et arbustes,* par MM. Duchartre et Carrière, etc., contiennent aussi la description et les planches

(1) Linné, vers le milieu de la seconde moitié du siècle dernier, ne connaissait alors qu'une centaine d'espèces d'Orchidées, comprenant une trentaine de genres.

coloriées d'un grand nombre d'Orchidées nouvellement introduites.

Les grands établissements d'horticulture et d'introduction
pour les plantes nouvelles, qui entretiennent à grands frais
des collecteurs sous les tropiques et dans les diverses parties
du monde pour l'importation des Orchidées et autres plantes,
tels que ceux de MM. J. Linden, à Bruxelles, qui passe pour
en avoir introduit le plus grand nombre; H. Low, à Clapton,
et Veïtch, à Chelsea (Londres); Luddemann, Thibaut-
Keteleer et A. Rivière, à Paris, ont également introduit beaucoup d'Orchidées et autres plantes de serre dans ces dernières
années. Aujourd'hui, l'horticulture possède au-delà de quatre
mille espèces d'Orchidées exotiques, décrites et cultivées en
Europe.

Ce nombre très-considérable d'espèces rares et nouvelles,
introduites dans un espace de temps relativement très-court,
prouve suffisamment la faveur avec laquelle ces merveilleuses
plantes furent accueillies des amateurs.

Le point essentiel, et qui est la base principale de la culture des Orchidées, est de leur procurer un milieu favorable,
c'est-à-dire une bonne serre chaude humide pour celles qui
proviennent des pays chauds, et une serre tempérée pour
celles qui proviennent d'altitudes plus ou moins considérables. Placées ainsi dans les conditions qui leur sont propres, le succès de leur culture en sera assuré. Toutefois, il
existe une catégorie d'Orchidées à feuillage orné et coloré,
appartenant pour la plupart à la tribu des Néottiées, qui réclament les soins les plus minutieux de l'art du jardinier;
telles sont les *Anœctochilus*, les *Goodyera*, les *Physurus*, etc. Il leur faut, pour bien prospérer, les parties les plus
chaudes de la serre, où on doit encore les tenir sous cloche

ou dans des petits coffres recouverts de châssis, et les soumettre à l'attention la plus scrupuleuse, en les entourant de la plus grande propreté. Pendant l'hiver, surtout, il faut les surveiller de près, car de même que beaucoup d'autres Orchidées, les Anectochiles doivent être maintenus dans un milieu beaucoup plus sec pendant toute la période du repos que pendant celle de la végétation.

M. Blume donne des détails très-intéressants sur l'état naturel de ces miniatures d'Orchidées dans leur pays natal, et les naïves légendes indiennes qu'il raconte sur ces charmantes petites plantes suffisent pour nous convaincre de la difficulté de leur culture. En voici la reproduction : « Le nom malais de *Daun petola,* qu'on leur donne dans ces pays, signifie plante herbacée, dont le feuillage, richement orné et coloré, ressemble à une étoffe de soie très-précieuse appelée *petola.* On raconte que dans l'antiquité il apparut sur ces côtes, pour instruire le peuple perverti, une des divinités de l'Olympe indien, revêtue d'une écharpe de cette étoffe, mais que bientôt, non seulement méconnue, mais même persécutée par les habitants de ces contrées, la divine messagère quitta ces parages pour se rendre dans les forêts presque inaccessibles des montagnes; et que, soit pour se soustraire aux persécutions de ses antagonistes, soit selon tout autre dessein dont le sens échappa aux simples mortels, elle se dépouilla de son écharpe céleste, qu'elle cacha entre les rochers les plus couverts de mousse. Dès lors, plus heureuse à convertir les montagnards comme frappés de terreur sur l'éclat du signe splendide de sa haute mission, la divinité voulut perpétuer le souvenir de son séjour dans ces contrées. Les yeux et les esprits de la population étant disposés maintenant à la contempler dans toute la majesté de sa gloire, la déesse

1.

lui accorda la faveur de se montrer à tous sous la *petola*, ce tissu merveilleux emprunté à l'Olympe. Cependant, le gage précieux devait retourner à son origine. Heureusement, il avait assez longtemps séjourné entre les rochers pour que, par la grâce de la divinité bienveillante, il en sortît quelques germes doués de la puissance d'en reproduire au moins l'image, témoin encore aujourd'hui le *Daun petola*. Mais à peine la nouvelle de l'apparition de cette plante miraculeuse s'était-elle répandue, que les habitants des plaines les plus éloignées se portèrent en masse vers les montagnes pour satisfaire leur curiosité. A l'aspect de ce chef-d'œuvre, non seulement c'était à qui pourrait l'acquérir, mais ils enviaient même aux habitants des montagnes jusqu'au souvenir que la divinité leur avait accordé en témoignage d'affection. La convoitise de ces gens en vint au point qu'ils voulaient s'approprier et ne voir briller en aucun pays que le leur cette admirable production, dont ils se crurent exclusivement en possession dès qu'ils eurent détruit jusqu'aux dernières traces de ce qu'ils n'avaient pu emporter des montagnes. Cette joie impie pourtant, ajoute le narrateur, devait être de courte durée. Malgré toutes les peines qu'ils se donnèrent pour conserver leur précieux butin, la plante divine dépérit de jour en jour, au point qu'il n'en resta bientôt plus la moindre trace, et qu'en même temps le souffle de la divinité rendit une nouvelle vigueur aux germes qu'elle avait déposés chez les montagnards reconnus dignes de la protection de l'Olympe. »

Le sens de cette légende, c'est qu'en vérité le déplacement et la propagation des Anectochiles offrent déjà, même dans leur pays natal, des difficultés presque insurmontables. Quel tribut d'admiration ne devons-nous pas payer à l'art qui a su vaincre tous les obstacles, l'étendue de la distance, tant de variations atmosphériques et d'autres influences nuisibles qui s'opposaient au transport et à l'introduction de ces charmantes Orchidées dans nos serres! A peine existe-t-il à présent un jardin botanique en Europe qui n'en possède au moins quelques espèces, joie et orgueil des vrais amateurs. Elles sont si recherchées qu'on en est arrivé à usurper le nom d'*Anectochile* en faveur de bon nombre de plantes de nos serres. Mais depuis que la désignation a été appliquée par les horticulteurs à plusieurs plantes tropicales, tant des Indes-Orientales que de l'Amérique, qui, pour avoir dans le velouté et la disposition des nervures de leurs feuilles assez de ressemblance avec ces charmantes Orchidées, les Anectochiles n'en restent pas moins un genre tout différent; aussi quelle confusion dans la nomenclature! Il faut bien reconnaître, toutefois, que la plupart des Orchidées de la tribu des Néottiées, à laquelle appartient le genre *Anœctochilus*, ont aussi les feuilles plus ou moins veloutées, et que les nervures à couleurs éblouissantes des Anectochiles se rencontrent non seulement dans plusieurs autres Néottiées, mais aussi dans quelques plantes appartenant à la tribu des Aréthusées, comme par exemple dans le genre *Coryanthes* et quelques autres.

C'est à la suite de tant d'introductions nouvelles d'une si grande importance pour l'horticulture et la botanique, que M. A. de Candolle a pu dire à l'ouverture du congrès botanique réuni à Paris le 16 août 1867, que nous approchons de l'époque où on connaîtra tous les genres de plantes. Combien en effet d'espèces d'Orchidées connues depuis longtemps et qui n'avaient jamais été introduites, ont vu le jour en Europe dans ces dernières années ! Tels sont les *Selenipedium caudatum*, l'*Uropedium Lindeni,* et tant d'autres espèces remarquables qui sont en notre possession depuis peu d'années.

Les amateurs peuvent donc aujourd'hui, parmi les nombreuses espèces et variétés cultivées en Europe, en se bornant à en prendre l'élite, en réunir quelques centaines d'espèces du plus haut mérite ornemental, et se former des collections de plantes choisies, propres à leur procurer des fleurs bizarres, aux coloris les plus riches et les plus délicats, exhalant les parfums les plus précieux de la flore tropicale tout entière.

Bon nombre d'amateurs s'imaginent encore que, pour aborder la culture des Orchidées tropicales, il faut une mise de fonds considérable et de grands frais d'entretien. Il n'en est rien; la culture des Orchidées, étant bien dirigée, n'est pas plus coûteuse que toute autre. Si on trouve que celles qui exigent la serre chaude demandent des frais de chauffage trop considérables, on peut en trouver un grand nombre, parmi celles qui croissent à des altitudes plus ou moins considérables, auxquelles suffira la serre tempérée et même la serre tempérée-froide, et qui ne le cèdent en rien pour la beauté et la fraîcheur aux espèces qui exigent la serre chaude. Les Anglais, qui cultivent depuis longtemps cette catégorie d'Orchidées dans des serres tempérées et même dans des serres à raisins, trouvent qu'elles n'exigent pas plus de frais de dépenses et d'entretien que la culture des plantes de serre ordinaires.

I.

SERRES A ORCHIDÉES.

§ I. — Serre propre à la culture des Orchidées de l'Inde et des parties chaudes du globe.

Lorsqu'on se propose de cultiver les Orchidées tropicales, la première chose dont on ait à se préoccuper est l'installation d'une bonne serre chaude humide.

Comme dans nos pays l'hiver est excessivement long comparativement à celui des lieux d'où ces plantes sont originaires, et qu'il y a absence de lumière pendant longtemps, on doit, pour cette raison, orienter la serre au plein midi, afin que pendant l'hiver, elle reçoive les moindres rayons solaires apparaissant à l'horizon.

Nous n'admettons pour vitrer les serres à Orchidées que le verre blanc ; c'est celui qui laisse pénétrer le mieux la lumière. C'est surtout pendant les longs mois de l'hiver que la lumière est favorable aux Orchidées tropicales, et c'est pour cette raison qu'on doit, autant que possible, éloigner les serres de l'ombre des bâtiments ou des grands arbres.

Les serres en bois, lorsqu'elles sont bien établies, sont très-favorables à la culture des Orchidées tropicales ; malheureusement, on est obligé de leur donner une forme plus lourde qu'à celles en fer, et la lumière y pénètre aussi moins facilement ; mais d'un autre côté, elles ont l'avantage de mieux conserver la chaleur, et la vapeur qui vient se condenser sur le bois, tombant parfois sur les plantes, n'est jamais aussi froide que lorsqu'elle se condense sur les charpentes des serres en fer. Lorsque ces dernières sont bien construites, que la toiture offre une inclinaison suffisante, et que les pannes transversales sont placées à l'extérieur, les gouttes d'eau qui s'amoncellent sur ce métal refroidi glissent le long des ferrements pour aller tomber sur le mur et se perdre sous les tablettes dans les fondations de la serre.

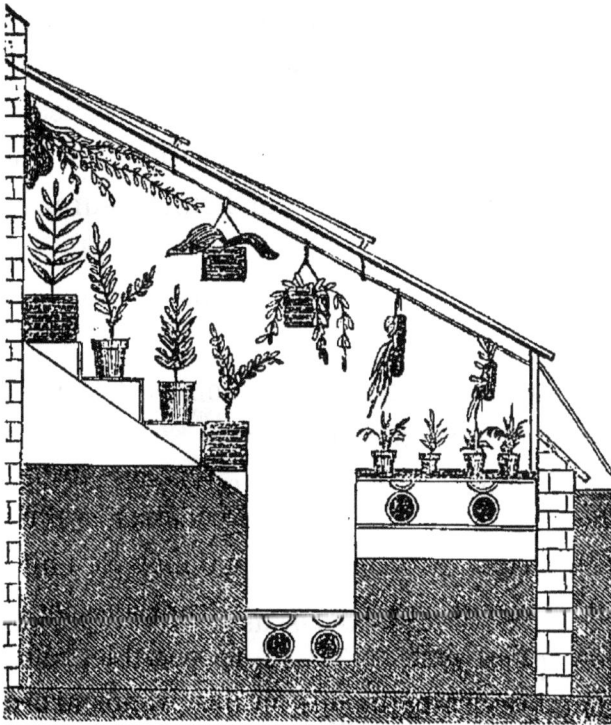

Fig. 1. — Serre propre à la culture des Orchidées de l'Inde et des pays chauds.

La figure 1 représente la coupe d'une serre adossée, propre à la culture des Orchidées de l'Inde, et des autres contrées chaudes du globe ; cette serre est adossée à un mur exposé au plein midi. Sur le gradin du fond, on place les espèces caulescentes, cultivées en paniers, de façon à ce que leurs racines aériennes puissent absorber dans l'atmosphère qui les environne les éléments qui leur sont nécessaires. A quelques centimètres de la toiture, se trouve une baguette en fer pour accrocher et suspendre les espèces épiphytes qui vivent sur des morceaux de bois, des planchettes, etc., comme les *Phalœnopsis, Oncidium, Burlingtonia,* etc. Sur les tablettes de devant, on cultive les espèces qui s'élèvent peu, ou qui sont délicates, comme les *Cypripedium, Goodyera, Nephelophyllum,* etc.; enfin, le long des vitraux, on peut faire monter les tiges de la Vanille, qui non seulement garniront rapidement les parties supérieures de leurs jolies feuilles, mais y produiront facilement des fruits délicieusement parfumés, en ayant soin de féconder de bonne heure, le matin, ses fleurs éphémères.

Les proportions d'une serre de ce genre peuvent varier : en largeur, de 3 à 4 mètres et plus ; en hauteur, de 2^m 50 à 3 mètres, sur une longueur proportionnée à la quantité de plantes qu'on se propose d'y cultiver.

Les serres destinées à la culture des Orchidées de l'Inde doivent être construites au moins à 80 centimètres de profondeur, de façon à ce que le mur à l'extérieur ne soit que d'environ 20 centimètres au-dessus du niveau du sol ; on entretient plus facilement dans les serres installées en dessous du niveau du sol la chaleur et l'humidité atmosphériques, indispensable à ces plantes, et les frais de chauffage y sont toujours un peu moins considérables.

Le recouvrement des carreaux d'une serre chaude humide de ce genre doit être mastiqué, afin que l'air froid du dehors ne puisse avoir aucun accès à l'intérieur. C'est dans les serres chaudes humides qu'on peut appliquer avec le plus d'avantage le système de vitrerie de Célard, qui consiste à poser les carreaux bout à bout, et à recouvrir les deux parties rapprochées d'un couvre-joint métallique ; malheureusement, ce système coûte presque aussi cher que la vitrerie elle-même. Sur les serres vitrées au système Célard, on ne doit ombrer qu'avec des toiles ou des claies, et jamais avec la colle de peau, car cette dernière détériore promptement les couvre-joints ; on emploie rarement, du reste, ces sortes d'abris contre le soleil dans les serres à Orchidées de l'Inde et des pays chauds ; on les ombre presque toujours avec des stores en toile ou des claies épaisses, qu'on peut rouler à l'extrémité de la serre lorsque le soleil disparaît, sans causer aucun préjudice aux bandes métalliques.

§ II. — Serre propre à la culture des Orchidées provenant des zones tempérées et même froides des pays intra-tropicaux.

Les Orchidées qui croissent à des altitudes plus ou moins considérables, c'est-à-dire à partir de 6,000 pieds au-dessus du niveau de la mer et davantage, pourront être cultivées dans une serre tempérée dont la chaleur sera de 10 à 15 degrés centigrades. On comprend que pendant les fortes chaleurs de l'été, les rayons du soleil la feront parfois s'élever jusqu'à 30, mais alors on donnera de l'air toutes les fois que le soleil fera monter la température au-dessus de 15 ou 18 degrés centigrades. Dans cette serre tempérée, on pourra réserver un compartiment pour y loger les plantes les plus rustiques, dont les pseudo-bulbes auront atteint leur complet développement et entreront dans la saison de repos.

On sait que plus les Orchidées croissent à des hauteurs considérables, plus la période de repos qui suit celle de la végétation doit être longue ; elles se plaisent alors dans une serre où la température se maintient entre 6 et 10 degrés centigrades pendant l'hiver ; mais lorsque le moment de les remettre en végétation sera arrivé, on fera bien de les rentrer dans le compartiment le plus chaud, afin d'en obtenir une belle et abondante floraison.

La figure 2 représente la coupe d'une serre tempérée propre à la culture des Orchidées provenant des terres tempérées et même des terres froides des pays chauds. Sur le gradin du milieu, on place les espèces caulescentes ou les plus élevées, et les plus petites sur les tablettes qui font le tour de la serre. Comme dans cette serre on ne cultive que les plantes qui croissent naturellement dans les lieux élevés, sous l'influence d'une lumière sensiblement plus vive que celle qui règne dans les bas-fonds ombragés, nous conseillons de la faire construire à deux versants : les plantes y recevront la lumière de toutes parts ; et au lieu de s'incliner du côté du jour, comme cela arrive dans les serres adossées, si on ne prend garde de les tourner de temps à autre, elles se tiendront droites, et fleuriront de tous côtés.

L'exposition sud-est est celle qui convient le mieux pour la serre à Orchidées des terres tempérées et froides. Les carreaux pourront y être posés avec recouvrement, puisque l'aération y sera pratiquée toutes les fois que la température extérieure fera monter celle de l'intérieur au-dessus de 15 ou 18° centigrades, et que ces plantes sont, pour la plupart, habituées à vivre à l'air libre dans leurs pays et au sommet des montagnes, où il règne une lumière plus intense et un air plus vif.

Pour la construction d'une telle serre, nous conseillons d'adopter le fer, qui présente sur le bois l'avantage de lais-

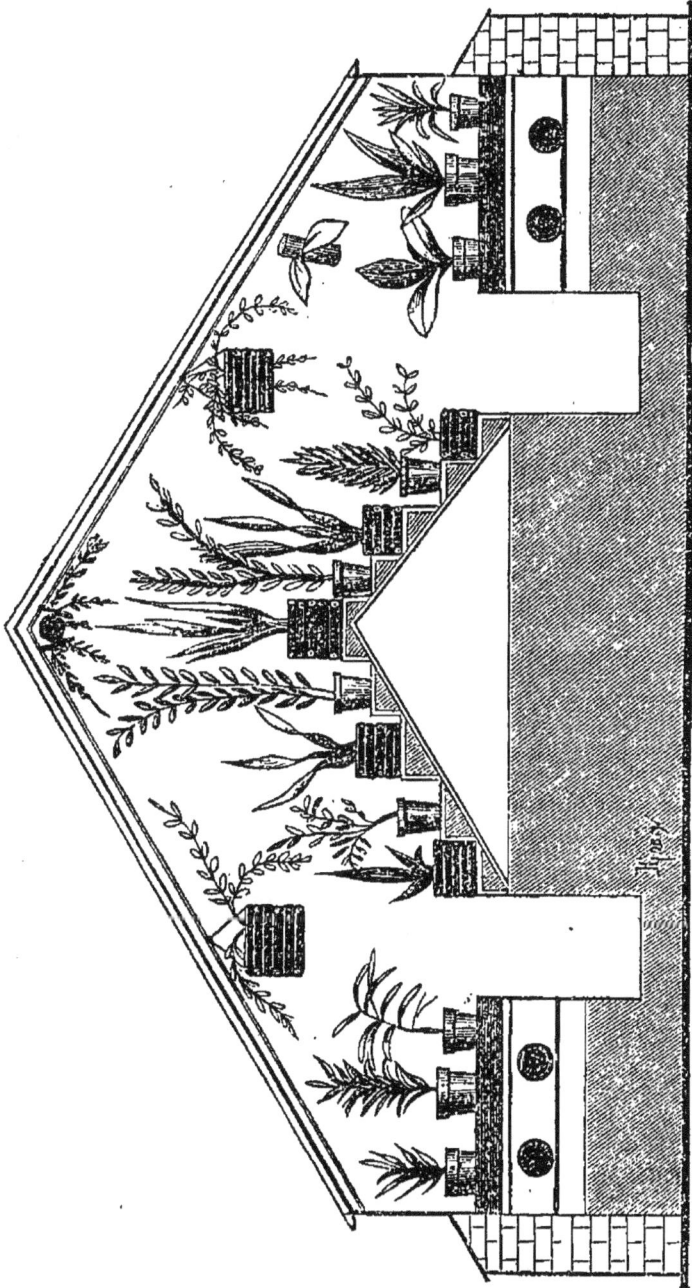

Fig. 2. — Serre propre à la culture des Orchidées provenant des zones tempérées et froides des pays chauds.

ser un plus libre accès à la lumière. Quant aux vapeurs atmosphériques qui se condensent sur ce métal refroidi, il faut avoir soin, en construisant la serre, de donner assez de pente pour que l'eau puisse s'écouler et descendre le long des carreaux et des ferrements. Les dimensions qu'il convient de lui donner sont : en largeur, de 4m 60, c'est-à-dire deux tablettes de pourtour de 0m 80 de largeur ; un gradin au milieu, large de 1m 60 à la base, et deux sentiers de 0m 70 ; en hauteur, 2m 50 à 3 mètres au plus suffiront, pour avoir toutes les plantes rapprochées de la lumière. Comme dans cette serre l'humidité atmosphérique ne devra pas être aussi abondante que dans l'autre, on pourra établir le niveau du sol intérieur un peu plus bas que celui du sol extérieur, c'est-à-dire à environ 0m 40 de profondeur, pour avoir un mur d'environ 0m 60 de hauteur à l'extérieur.

§ I. — Chauffage des serres à Orchidées.

Le chauffage à l'eau ou au thermosiphon est le seul qu'on puisse admettre pour chauffer les serres à Orchidées. On fait des chaudières en tôle de fer, en fonte ou en cuivre. Ce dernier métal, bien que coûtant le plus cher, doit être préféré, par la raison qu'on peut le faire servir indéfiniment et qu'il ne perd pas de sa valeur, tandis que les chaudières construites avec les deux premiers, une fois percées, ne sont plus bonnes à rien. Pour les chaudières de grandes dimensions, la tôle de fer est préférable à toute autre. Quant à la forme, la plus simple, et celle qui coûte le moins cher, doit être préférée; la forme cylindrique paraît être encore celle qui convient le mieux. Le tuyau de départ doit toujours se placer en dessus de la chaudière pour faire le tour de la serre et ramener l'eau refroidie à la partie inférieure.

Les tuyaux en fonte sont préférables à ceux en cuivre, en ce qu'ils coûtent beaucoup moins cher et qu'ils remplissent le même but. Si d'un côté, on objecte que les tuyaux en fonte s'échauffent moins rapidement que ceux en cuivre, d'un autre côté, ils se refroidissent aussi moins vite que ces derniers. On trouve chez les constructeurs de chauffage de serres des tuyaux-gouttières, c'est-à-dire des tuyaux ayant deux bords relevés à la partie supérieure faisant l'office de gouttières, et dans lesquelles on met de l'eau qui se transforme insensiblement en vapeur à l'intérieur de la serre. C'est surtout pour les serres chaudes humides destinées à la culture des Orchidées indiennes que les tuyaux-gouttières seront d'une grande utilité.

Pour les serres chaudes, il est nécessaire d'avoir six longueurs de tuyaux de 0^m 10 de diamètre si on veut qu'elles soient chauffées convenablement. Dans les serres tempérées, quatre longueurs suffiront; le compartiment destiné à recevoir les plantes à l'état de repos pourra même l'être avec trois longueurs. Il va sans dire qu'en hiver, au moment des plus fortes gelées, on garantira les murs de l'extérieur par des accots de fumier, et les vitraux par des paillassons pendant la nuit et le matin lorsqu'il gèle très-fort. On profite des moments où le soleil se montre pour enlever les paillassons et donner de la lumière aux plantes.

Pour chauffer les serres tempérées, on peut aussi se servir de tuyaux en zinc, qui sont beaucoup moins coûteux encore que ceux en fonte; seulement, on aura soin d'employer du zinc de bonne qualité, car le zinc trop mince, en s'oxydant, pourrait se percer de part et d'autre. La pose de ces tuyaux nécessite toujours quelques précautions. On doit, pour les empêcher de se courber, les poser en long sur une planche étroite et épaisse sur laquelle il est facile de les fixer. On doit aussi avoir soin de les tenir constamment pleins d'eau, même lorsqu'on ne chauffe pas. La meilleure grosseur qu'on puisse admettre pour les tuyaux en zinc est de 0m 08 de diamètre.

§ II. — De la chaleur et de l'humidité atmosphériques des serres à Orchidées.

La serre destinée à la culture des Orchidées de l'Inde et des contrées chaudes des autres pays doit être plus chaude pendant la période végétative que pendant celle du repos. La tenir très-étouffée et remplie de vapeurs humides n'est pas absolument nécessaire; il faut seulement que l'atmosphère y tienne en suspension une dose suffisante d'humidité pendant la végétation des plantes, et proportionnellement réduite pendant la période du repos. L'air de l'intérieur de la serre doit être constamment humidifié, mais les vapeurs ne doivent jamais y être visibles, car dans ce cas, elles seraient nuisibles à la végétation, et surtout à la conservation des fleurs.

On obtient aisément la chaleur voulue dans les serres par le thermosiphon; quant à l'humidité atmosphérique, on est souvent obligé de se la procurer par quelques moyens artificiels, surtout si les tuyaux ne font pas l'office de gouttières, en plaçant çà et là des petits réservoirs ou des terrines remplis d'eau sur les tuyaux du thermosiphon; on répand aussi de l'eau dans les sentiers de la serre et sur les tablettes, entre les pots; on seringue les plantes non fleuries, etc.

§ III. — Aération des serres à Orchidées.

La serre destinée à la culture des Orchidées provenant des bas fonds humides des pays tropicaux doit être très-peu aérée ; on ne lui donne de l'air que dans le cas où l'air intérieur serait vicié, ou lorsque, pendant les journées chaudes de l'été, la température s'élève trop haut par l'action directe des rayons solaires. On doit toujours avoir soin, lorsqu'on veut aérer la serre aux Orchidées de l'Inde, de n'ouvrir que les vasistas du haut, sans y produire aucun courant d'air ; car l'air du dehors étant presque toujours sec, son action directe ou trop vive pourrait causer un grand tort aux plantes. Pour les espèces sud-américaines et mexicaines, les jours d'été de notre climat seraient suffisamment chauds, si l'air atmosphérique y était moins sec ; dans les journées chaudes et pluvieuses, on peut aérer sans inconvénient les Orchidées d'Amérique et du Mexique. Pour celles qui proviennent de l'Inde et des terres chaudes des autres pays, l'aérage est rarement usité dans la pratique horticole.

§ IV. — Ombrage des serres à Orchidées.

La lumière est aussi essentielle aux Orchidées cultivées dans nos serres que la chaleur et l'eau ; mais le rayonnement du soleil sur le vitrage causerait des torts considérables aux plantes si on n'obviait à son inconvénient par des ombrages quelconques, pour qu'elles ne reçoivent qu'une lumière diffuse ; c'est particulièrement pour les Orchidées provenant des bas-fonds humides et sombres des terres chaudes que l'ombrage est nécessaire.

Pour ombrer les serres chaudes et humides, les stores en toile sont préférables aux autres systèmes d'ombrage ; on les attache dans le bas sur des cylindres en bois, qu'on peut rouler au faîte de la serre, à l'aide de cordes et de poulies disposées pour cet usage. Avec un système simple, s'il est bien établi, on peut ombrer et désombrer la serre à volonté.

Pour les Orchidées qu'on cultive en serre tempérée et en serre froide, un badigeonnage épais au blanc d'Espagne et à la colle de peau suffit, par la raison que les espèces qui y sont cultivées proviennent de zones plus tempérées et plus élevées, où l'air est plus sec et la lumière plus vive. Ce badigeonnage doit être d'autant plus épais que l'on approche de la saison la plus chaude de l'année ; à l'automne et au printemps, on doit l'employer beaucoup plus clair que pendant l'été, les rayons du soleil étant moins ardents à cette époque de l'année.

II

MANIÈRE DE TRAITER LES ORCHIDÉES QUI ARRIVENT EN EUROPE.

Lorsqu'on reçoit des Orchidées, la première chose à faire après déballage est de leur enlever les parties mortes ou celles qui sont fortement endommagées. Si ce sont des espèces épiphytes de serre chaude humide, on les attache immédiatement sur des morceaux de bûches ou des planchettes ; on peut aussi les poser tout simplement sur la terre de bruyère tourbeuse étalée sous un des petits châssis placés sur la tablette du devant de la serre, et les y laisser jusqu'au moment où la végétation commence à se manifester ; l'air de l'intérieur de ces petits châssis où se trouvent les plantes doit être fréquemment renouvelé, surtout pendant les premiers jours, afin de ne donner aux Orchidées nouvellement arrivées qu'une chaleur plutôt un peu sèche que trop humide. Plus tard, lorsque les racines nouvelles commencent à se développer, on les empote en paniers dans les composts qui leur sont propres, puis on les transporte dans les parties de la serre qui leur sont destinées ; on pourra alors, au fur et à mesure que les plantes entreront en végétation, augmenter la chaleur et les arrosements, afin d'arriver insensiblement à leur procurer le maximum de chaleur et d'humidité qu'elles réclament.

Les espèces qui croissent à des altitudes considérables et qui exigent la serre tempérée, où la chaleur est plus sèche et moins élevée, seront placées, aussitôt leur arrivée en Europe, sur les tablettes de la serre chaude, après qu'on les aura débarrassées de toutes les parties endommagées ou pourries ; là, on les laissera en repos jusqu'à ce qu'elles montrent les premiers signes de vie ; alors seulement, on les plantera dans des paniers ou en pots, et on attachera sur des morceaux de bois brut les espèces épiphytes, suivant leur propre nature ; on ne leur donnera qu'une légère dose d'humidité, qu'on augmentera au fur et à mesure que les plantes entreront en végétation, pour la diminuer ensuite dès qu'on approchera de la saison de repos.

Les espèces sans pseudo-bulbes peuvent être simplement suspendues dans les parties les plus chaudes et les mieux humidifiées de la serre, mais aussitôt que se manifesteront les premiers signes de la végétation, on donnera des seringages, afin de procurer aux plantes l'humidité nécessaire à leur développement.

Les espèces terrestres peuvent être empotées aussitôt leur arrivée, et placées à l'endroit de la serre qui leur est destiné ; au commencement, on ne donne qu'une légère dose d'humidité, en les laissant presque à sec jusqu'au moment où on s'aperçoit que les yeux de la base commencent à se gonfler, ou que les jeunes feuilles du cœur prennent du développement ; alors, on peut arroser davantage, en augmentant insensiblement au fur et à mesure qu'il se formera des racines nouvelles.

III

CULTURE EN SERRE.

————

Les Orchidées exigent un mode de culture en rapport avec la façon dont elles vivent à l'état sauvage. Les espèces acaules, qui vivent en épiphytes, élevées et suspendues aux arbres dans les vallées humides et ombragées des pays tropicaux, comme les *Phalœnopsis,* la plupart des *Oncidium* et des *Cattleya,* etc., doivent être fixées, dans nos cultures artificielles, sur des morceaux de bois, et suspendues dans les parties de la serre qui leur sont le plus favorables.

Les espèces caulescentes, comme les *Vanda, Saccolabium, Ærides,* etc., qui vivent en fausses parasites ou semi-épiphytes, et dont les racines vont plonger leur extrémité dans le sol, doivent être cultivées dans des paniers confectionnés pour cet usage.

Les espèces terrestres, telles que : *Cypripedium, Phajus, Calanthe,* etc., qui vivent ordinairement dans un sol poreux, doivent être également cultivées dans une terre analogue.

Les espèces plus délicates, comme les *Physurus, Pogonia, Anœctochilus,* etc., se cultivent non seulement en serre chaude humide, mais encore sous cloche et sous châssis installés dans les parties les mieux exposées et les plus rapprochées de la lumière.

Les espèces, dont les tiges florales prennent naissance dans le sol et viennent épanouir leurs fleurs en dessous des paniers ou des pots, en passant par les ouvertures ménagées à cet effet, comme les *Stanhopea*, par exemple, doivent être culti- vées dans des corbeilles ou des paniers suspendus au toit de la serre.

Enfin, les espèces sarmenteuses, telles que la Vanille, doivent être palissées le long des treillages dans les serres chaudes et humides, ou dirigées en cordons le long des vitraux ; on en obtiendra promptement des fruits, qui non seulement sont agréables à voir dans les serres, mais qui peuvent être d'un grand rapport, car ils sont très-estimés dans l'art culinaire.

Pour les Orchidées acaules, qui vivent attachées sur des morceaux de bois, la chose essentielle est de leur procurer un bon emplacement dans la serre. Comme elles puisent pour la plupart la majeure partie de leur nourriture par l'extré- mité essentiellement absorbante de leurs racines aériennes, il est absolument nécessaire de les mettre sous l'influence d'une atmosphère suffisamment chauffée et humidifiée, où elles pourront trouver les éléments nutritifs qui leur sont propres. Le chêne, le marronnier, l'orme, et tous les bois durs peu susceptibles de pourrir à la chaleur et à l'humidité, sont propres à la culture des Orchidées épiphytes. On se sert aussi avantageusement de planches de liége ; seule- ment, il faut avoir soin de les faire raboter, car la cochenille et une foule d'autres insectes prendraient rapidement nais- sance dans les fissures de l'écorce.

Les plantes, une fois fixées sur ces morceaux de bois, doivent être seringuées fréquemment, surtout pendant la pé- riode végétative, mais toujours en prenant bien garde de ne pas introduire d'eau dans le cœur. Pour prévenir cet accident, la plante doit être un peu inclinée du côté de la terre, afin que l'eau ne puisse stationner sur ses feuilles ; c'est sans doute pour cette raison que dans les pays où elles vivent à l'état sauvage, elles sont presque toujours disposées de cette façon. Ainsi donc, puisque la nature dispose les plantes de telle manière qu'il ne séjourne aucune humidité dans le cœur, nous n'avons rien de mieux à faire, dans cette circonstance comme dans bien d'autres, que de l'imiter autant qu'il nous est donné de le faire, pour arriver à obtenir de bons résultats de la culture artificielle.

Le meilleur mode de culture pour les espèces caulescentes consiste à les planter dans des paniers à claire-voie, comme on le verra plus loin. On les place ensuite sur les gradins de la serre, de façon à ce que les racines puissent facilement passer par les vides laissés de tous côtés, pour aller absorber la chaleur et l'humidité atmosphériques dont elles sont très-avides.

La meilleure matière qu'on puisse employer pour cultiver les Orchidées est la mousse blanche désignée sous le nom de *sphagnum,* que l'on se procure facilement daus les lieux frais et humides de la plupart de nos forêts ; après avoir drainé convenablement le panier avec des fragments de pots, ou des godets entiers renversés dans le fond s'il arrivait qu'il fût trop grand, on met la plante au milieu, et on enveloppe les racines jusqu'au collet, en plaçant successivement des petites pincées de sphagnum, de façon à en emplir complètement le panier, en lui donnant une surface bombée pour que la plante soit bien exposée à la lumière.

Pour les espèces qui redoutent peu l'humidité, on met à l'intérieur quelques morceaux de charbon de bois sur lesquels les racines se soudent volontiers pour y absorber les éléments qu'ils contiennent. Les arrosements et les seringages doivent être soignés, et surtout beaucoup plus abondants pendant la période végétative que pendant celle du repos.

Les espèces à fleurs retombantes, et dont les tiges sont peu élevées, peuvent être cultivées en paniers suspendus et accrochés dans les diverses parties de la serre qui peuvent leur être appropriées ; elles y feront toujours un très-bon effet.

Pour les Orchidées terrestres qui proviennent des terres chaudes, où il règne constamment une atmosphère surchargée d'humidité, il est bon, pendant la période végétative, de placer à la surface des pots une légère couche de sphagnum, afin d'empêcher le dessèchement de la terre et maintenir les racines dans un état constant d'humidité modérée. Le sphagnum en végétation est préférable à celui qui est complètement sec, en ce que, tout en continuant de végéter au pied de la plante, il l'entretient dans un milieu d'humidité beaucoup plus naturel et conséquemment plus favorable à sa végétation. Les espèces délicates, comme les Anectochiles, doivent être cultivées presque à l'étouffée et sous cloche ou sous châssis, cloches ou châssis qui doivent être essuyés tous les matins, afin de renouveler l'air concentré à l'intérieur, et d'empêcher l'humidité d'y causer aucun dégât. Nous avons employé avec beaucoup de succès, pour cultiver les Anectochiles, des cloches dont l'orifice formait une grande ouverture, ce qui permettait le renouvellement successif de l'air à l'intérieur sans y établir aucun courant d'air ; avec ce procédé, lorsqu'il y a excès d'humidité à l'intérieur des cloches, on n'a qu'à boucher l'orifice pendant la nuit avec une grosse éponge, qui, le lendemain matin, aura absorbé une grande partie de l'humidité de l'intérieur ; on n'aura qu'à répéter la même opération pendant tout le temps

qu'on le jugera nécessaire pour faire disparaître l'excès
d'humidité.

Pendant la période du repos, on diminuera considérablement les arrosages, en maintenant la terre presque complètement sèche pour qu'aucune végétation ne soit possible.
Lorsque reviendra ensuite le moment de la végétation, on
donnera aux plantes un nouveau rempotage s'il y a nécessité,
et cela avec un compost de terre de bruyère brute et tourbeuse, mélangée d'un peu de charbon de bois pilé, de fibres
de cocos et de sphagnum haché, en ayant soin de drainer le
fond des pots au moins jusqu'à moitié, par des tessons finement concassés, etc.

Pour les Orchidées dont les tiges florales naissent dans le
sol, on peut employer, comme pour les espèces caulescentes,
le sphagnum pur ou mélangé avec de la terre de bruyère
tourbeuse. On les cultive avantageusement dans des vases
suspendus à jour, dont on garnit l'intérieur d'une couche de
sphagnum en végétation, afin d'entretenir la plante dans un
milieu constant d'humidité modérée.

La surface devra être recouverte d'une couche de sphagnum vivant, dans le but de maintenir le pied de la plante
dans un milieu aussi naturel que possible. Après la période
de la végétation, on diminue insensiblement les arrosages,
comme pour toutes les Orchidées en général, et on donne un
nouveau rempotage s'il y a lieu, au moment où les plantes
commencent à se remettre à végéter.

§ I. — Terres et composts à Orchidées.

Les matières qu'on emploie le plus généralement dans la
pratique horticole, et qui servent de base à la culture des

Orchidées, sont : la terre de bruyère brute fibreuse, le terreau de bois et de feuilles, non entièrement consommés, le sphagnum, les fragments de coke ou de poteries, le charbon de bois, et enfin le gros sable blanc. Il ne reste plus maintenant qu'à en faire l'application et à varier ces ingrédients suivant le cas, en faisant prédominer les matières qui conviennent le plus à la culture de telle ou telle catégorie d'Orchidées. Ainsi, pour les espèces terrestres, la terre qui convient le mieux est la terre de bruyère brute, tourbeuse, grossièrement concassée, dans laquelle on peut ajouter un peu de charbon de bois pilé et de sphagnum haché ; les pots doivent être drainés jusqu'à moitié au moins, soit avec des fragments de briques ou de tessons, soit avec toute autre matière peu susceptible de concentrer l'humidité au fond des pots.

Pour les Orchidées semi-épiphytes, c'est-à-dire celles qui vivent en fausses parasites et qui plongent leurs longues racines aériennes dans le sol, comme cela arrive chez les *Vanda, Ærides, Saccolabium*, etc., la meilleure matière pour les empoter est le sphagnum pur ou mélangé de tessons, de fragments de briques ou de gros sable si on avait à redouter l'humidité ; les paniers de même que les pots doivent être fortement drainés, afin de procurer aux plantes une culture à peu près analogue à la façon dont on les trouve à l'état spontané, dans des débris de végétaux d'une nature très-perméable.

Quant aux Orchidées épiphytes, un simple morceau de bois ou une planchette suffisent pour leur servir d'appui, puisque leurs racines tirent de l'atmosphère de la serre chaude humide la plus grande partie des éléments nécessaires à leur parfait développement.

§ II. — Plantation des Orchidées.

Les espèces délicates doivent être plantées dans des pots,
paniers, etc., relativement plus petits que leur développement ne semble l'exiger. Les parties éclatées ou coupées
sont en général exposées à fondre, lorsque les pseudo-
bulbes sont très-gros et charnus ; s'il y existe des plaies,
l'humidité s'y introduit bientôt, et la pourriture s'ensuit rapidement si on n'y prend garde.

D'abord, la meilleure saison pour planter les Orchidées
est celle qui suit la période du repos, un peu avant le
retour de la végétation; c'est alors qu'il convient d'en rem-
poter le plus grand nombre. Elles doivent, après le rempotage, être maintenues dans un milieu d'abord assez sec,
puis modérément humide, afin d'arriver, au fur et à mesure
que la végétation prendra du développement, à leur donner le
milieu qui leur est nécessaire.

Pour la majeure partie des Orchidées terrestres des pays
chauds, qui cherchent dans le sol les débris de végétaux en
décomposition, il est nécessaire de leur procurer une terre
bien aérée et facile à percer, où elles pourront s'enfoncer sans
difficulté.

Celles dont les grosses racines charnues s'enfoncent directement dans le sol devront être empotées dans des pots
plutôt profonds que plats, mais toujours dans des matières
légères et perméables superposées à un bon drainage ;
celles à racines rampantes seront, au contraire, empotées
dans des vases larges plutôt que profonds.

Il faut enfin chercher à rapprocher les procédés de culture
artificielle du mode de végétation naturelle, qui varie sui-

vant la station et la propre nature de chaque plante ; en se figurant qu'on en trouve à l'état spontané, depuis le sommet des arbres les plus élevés et les rochers arides, jusqu'au fond des forêts humides des contrées les plus chaudes du globe, on aura une idée des divers procédés de culture auxquels on doit les soumettre dans nos serres.

Lorsqu'on plante des fragments d'Orchidées à pseudo-bulbes, ou à longues tiges, n'ayant que très-peu ou point de racines, on met à côté d'elles des petits tuteurs étroits en sapin, auxquels on attache les parties qui ne pourraient se soutenir d'elles-mêmes, ou qui se présenteraient sous une mauvaise forme, pour leur donner le meilleur aspect possible. Pour conserver pendant longtemps ces tuteurs, il est bon de brûler légèrement la base ou la partie qui doit être enfoncée dans la terre ou dans le sphagnum, afin de les faire résister plus longtemps à l'humidité.

§ III. — Manière de disposer les Orchidées dans les serres.

Dans la serre chaude comme dans la serre tempérée, les plantes doivent être disposées suivant la nature de leur propre constitution ; quelle que soit leur nature, il s'y trouvera toujours des endroits meilleurs les uns que les autres, ou qui conviendront mieux à telle espèce qu'à telle autre. Les serres à Orchidées, comme toutes les serres en général, présentent des parties inégalement chauffées, et où la différence de température est souvent de 2 à 3 degrés et quelquefois davantage ; de sorte que, profitant de ces différentes températures, on peut cultiver dans une seule et même serre un assez grand nombre de plantes de tempéraments divers. Ainsi, en face de la porte d'entrée, qui doit toujours être précédée d'un tambour, ou vestibule, on place les espèces les plus rustiques, qui craignent le moins les refroidissements passagers; sur les tablettes de devant, on place les espèces de moyenne grandeur et qui exigent une lumière plus vive; sous les châssis ou les cloches, on place toutes les petites Orchidées à feuillage richement orné ou coloré ; et dans les parties les plus élévées de la serre, qui sont ordinairement les plus chaudes, on suspend les épiphytes, afin que leur longues racines aériennes puissent trouver dans l'atmosphère la nourriture qui leur est propre. C'est surtout dans les serres adossées que se font sentir ces différences de température. Les Orchidées suspendues dans les parties les plus élevées de la serre ont besoin l'une plus grande quantité d'eau que celles qui se trouvent plus rapprochées du sol, par la raison que l'atmosphère y est sensiblement plus sèche et moins chargée de vapeurs. Il sera bon de faire un choix judicieux des espèces de serre chaude sèche, et qui supportent le mieux l'atmosphère sèche, pour les placer dans les couches supérieures. C'est en grande partie pour cette raison que les grandes serres ne sont jamais favorables à la culture de ces plantes. Les Orchidées sont peut-être, de toutes les plantes tropicales, celles qui se prêtent le mieux à l'arrangement pittoresque. La grande variété des formes, du port, des inflorescences, et les habitudes plus ou moins épiphytes de la plupart des représentants de cette famille, sont autant d'avantages qui peuvent servir à produire les effets les plus variés et les plus agréables d'un arrangement pittoresque dans la serre.

Les serres à Orchidées présentent à certaines époques de l'année un aspect un peu maigre, surtout lorsqu'il y a absence de fleurs ; un peu de verdure les accompagne toujours avantageusement; quelques Lycopodes, Adiantes et autres fougères à feuillage élégant, entremêlées avec goût entre les touffes, les font ressortir d'autant plus, qu'elles n'épanouissent jamais leurs fleurs toutes ensemble et à la même époque, et qu'elles n'y sont presque jamais en abondance. Les Orchidées, en général s'accommodant très-bien de la culture en corbeilles et dans des paniers de toutes formes et de toutes dimensions, ou simplement fixées sur des morceaux de bois ou de planchettes, il est facile d'en garnir complètement l'espace aérien de la terre.

Avec un peu de goût on peut faire d'une serre à Orchidées un magnifique jardin pittoresque, où toutes les plantes seront disposées dans l'ordre le plus naturel. Dans le fond de la serre, un rocher artificiel, construit avec des pierres difformes et perforées, dans lesquelles on plantera çà et là des touffes d'Orchidées, sera toujours d'un très-bel effet ; en intercalant dans les pierres, de temps en temps, une souche de bois consommé, comme on en trouve dans les forêts, et sur lesquelles on planterait des touffes de *Cattleya, Oncidium, Lœlia,* etc., on en obtiendra une belle végétation. Les *Dendrobium, Sobralia, Lycaste,* etc., se plaisent dans le creux des pierres, plantés dans le sphagnum, etc.; au pied du rocher et dans les parties les plus basses de la serre, on plantera en pleine terre des touffes de *Limodorum, Spiranthes, Trichopilia,* etc. ; le long des colonnades on fera monter les espèces volubiles, comme la Vanille, qui en peu de temps peut atteindre les parties les plus élevées de la serre, où elle sera d'un très-bon aspect lorsque ses rameaux seront chargés de ses longues gousses parfumées. Dans toutes les parties aériennes on suspendra des paniers à Orchidées ou des corbeilles de toutes formes et de toutes dimensions, afin que l'espace soit complètement garni d'espèces épiphytes

et semi-épiphytes. Sur les paniers, on plantera des Lycopodes, quelques petites touffes de Fougères herbacées, peu
vigoureuses, pour encadrer les plantes d'un peu de verdure. Dans les interstices du rocher, on pourra aussi placer
quelques touffes de Broméliacées, Fougères, Achimènes,
Lycopodes, et une foule d'autres petites plantes de serre
chaude, qui accompagnent toujours très-avantageusement les
Orchidées dans les serres.

Le fond de la serre ainsi disposé, avec des Orchidées ran-
gées d'après l'ordre le plus naturel, sera d'un magnifique
aspect.

La figure 3 donne une idée de l'aspect ornemental de la
serre à Orchidées construite à Penllergare, dans le pays de
Galles, par M. J.-D. Llewelyn (1). « La forme de la serre
(fig. 4 et 5) est un carré long, à l'extrémité duquel se trouvent
la chaudière avec le foyer et le réservoir au charbon. De cette
chaudière partent deux tuyaux de chaleur 4, 4, qui se rendent
dans deux réservoirs d'eau chaude, situés à l'extrémité op-
posée de la serre; ils sont séparés par la porte d'entrée 7. Le
rocher que représente la figure occupe l'espace marqué 8.
Un tuyau 10 amène l'eau froide dans la chaudière 1; il part
d'un réservoir situé à un niveau plus élevé; l'eau s'échauffe
suffisamment dans le tuyau pendant son trajet à travers la
chaudière, et un autre tuyau 9 qui en part la déverse en cascade au-dessus du rocher 8, disposé de façon à rompre la
colonne d'eau dans sa chute, de manière à produire l'effet le
plus pittoresque. L'eau est reçue dans un bassin 5, occupant
le centre de la serre et qui est parsemé d'îlots sur lesquels
croissent les Orchidées, etc. »

(1) *Revue horticole*, 4ᵉ série, t. V, 1856.

Fig. 3. — Vue extérieure de la serre d'Orchidées, à Penllergare.

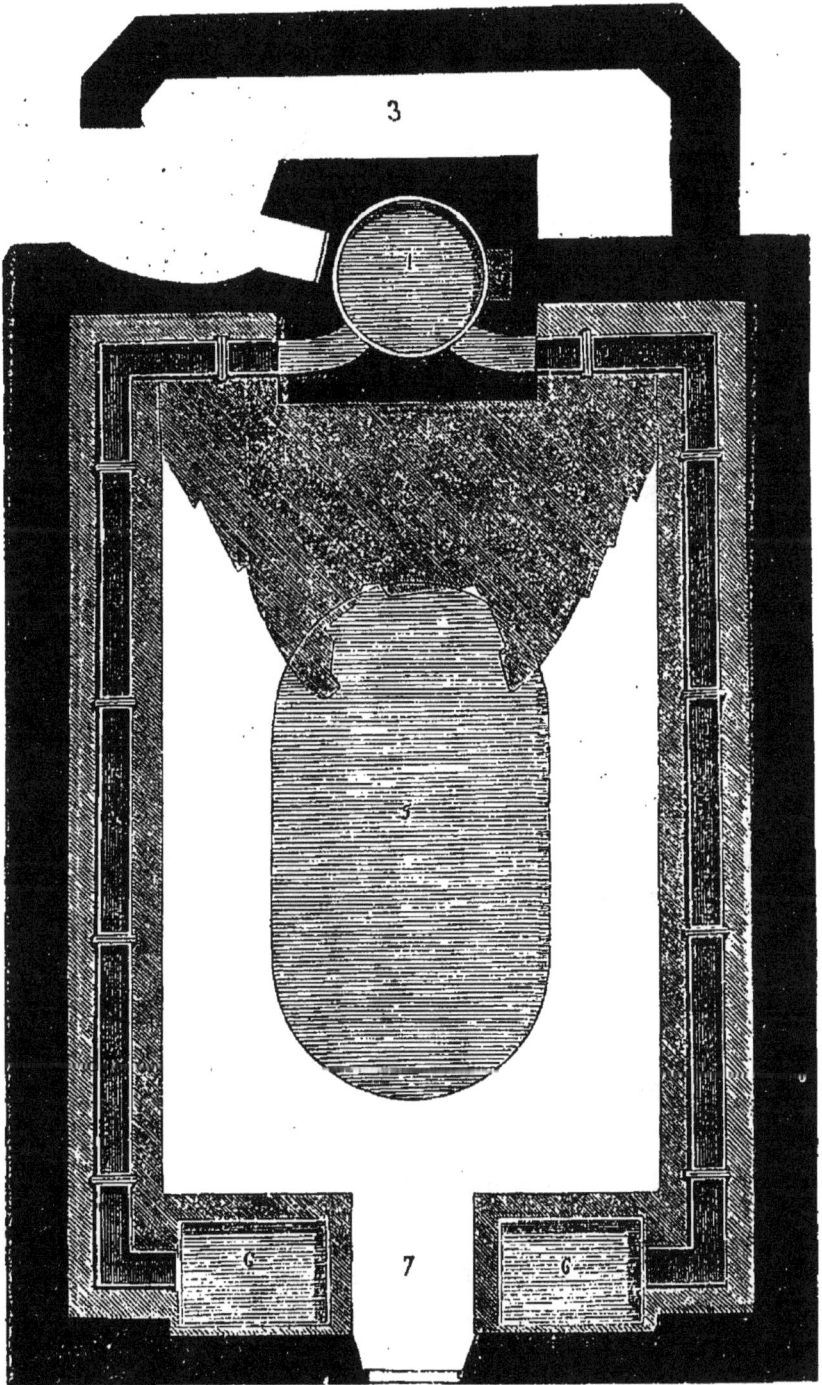

Fig. 4. — Plan de la serre d'Orchidées, à Penllergare.

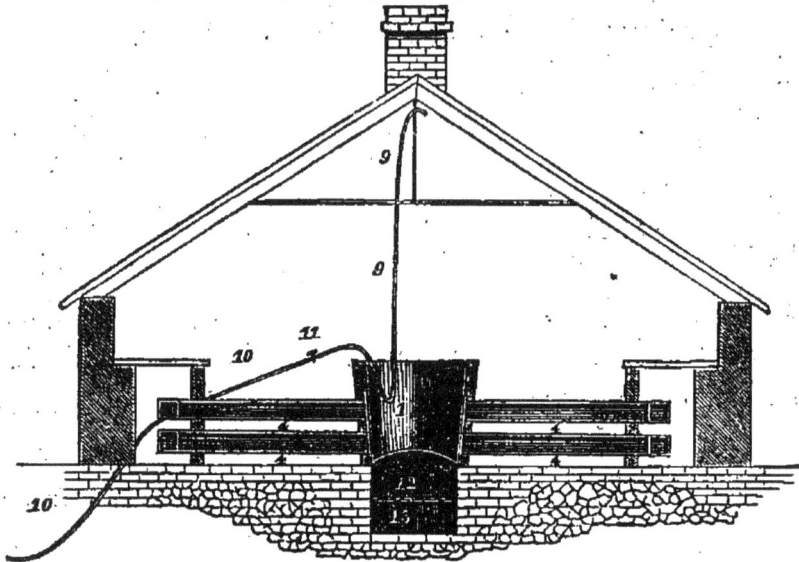

Fig. 5. — Élévation de la serre d'Orchidées, à Penllergare.

Quant aux tablettes du devant, au lieu de leur donner des pieds en fer ou en bois uni et des bordures en tôle, on peut y installer une belle devanture rustique en bûches de chêne, revêtues de leur écorce, de façon à dissimuler complètement les tuyaux du thermosiphon. Vers le milieu de la tablette, on peut ménager un petit encadrement en bois, qu'on entourera de pierres rustiques, entre lesquelles on plantera du Lyco-pode, etc. ; ce petit encadrement étant recouvert d'un châssis ou simplement d'une grande feuille de verre, sera propre à la culture des *Anœctochilus, Physurus, Macodes,* et de toutes les charmantes miniatures de ce genre.

La tablette sera recouverte d'une couche de mâchefer, sur laquelle on pourra placer un grand nombre de plantes en pots, ou bien on y disposera les plantes sur des morceaux de bois. Si on voulait les y planter en pleine terre, au lieu d'y mettre une couche de mâchefer on y mettrait un compost de terre propre aux plantes qu'on voudrait y cultiver.

Le devant de la tablette sera garni d'une bordure de plantes retombantes, telles que *Fittonia, Coccocypselum, Lycopodium,* etc., mélangés l'un dans l'autre pour former une bordure épaisse dans le but de masquer les pots de la tablette, et de faire ressortir la beauté des plantes qu'on y aura mises.

Quelle que soit la grandeur de la serre, on pourra toujours y établir, au pied du rocher, un petit bassin en forme de fontaine, bordé de pierrailles, de plantes volubiles et retombantes, au milieu desquelles s'élèvera un petit jet d'eau continu ou une chute d'eau imitant une cascade naturelle. Quelques petites plantes aquatiques de serre chaude dans ce bassin, animé par une légion de poissons rouges, rendraient parfait l'aspect pittoresque d'une serre à Orchidées.

La disposition des plantes dans la serre, étant une question de goût, peut varier à l'infini, suivant l'idée de l'amateur ; mais les effets pittoresques si faciles à obtenir dans les serres, et à si peu de frais, rendent non seulement l'aspect général plus agréable à l'œil, mais encore les Orchidées s'y plaisent mieux et prospèrent bien autrement que dans les serres où elles sont simplement posées sur les gradins ou les tablettes, comme on les voit dans les serres du plus grand nombre des amateurs.

§ IV. — Du repos des Orchidées.

Les Orchidées, en général, doivent avoir leur période de végétation et leur période de repos.

Les espèces indiennes et des autres parties chaudes du globe, où le printemps est pour ainsi dire perpétuel, végètent presque constamment; elles ont seulement un moment d'arrêt dans le courant de l'année; non pas que les plantes cessent complètement de végéter, mais leur végétation reste à l'état latent, et se manifeste à peine pendant cette courte période de repos. Dans nos serres on doit autant que possible faire coïncider cette période de repos avec les jours les plus courts de l'hiver ; pour atteindre ce but, on suspendra presque complètement les arrosages jusqu'au retour de la végétation.

Plus les Orchidées proviennent de lieux élevés, plus la période de repos doit être prolongée ; les espèces qui proviennent des lieux tempérés, secs et arides, doivent se reposer pendant cinq ou six mois de l'année, à peu près comme les autres plantes qu'on cultive dans les serres tempérées froides.

La question du repos des Orchidées est une des plus importantes de la culture, et on obtiendrait bientôt des effets désastreux si on perdait de vue cette nécessité. Il faut absolument, dans toutes les serres à Orchidées, que la chaleur soit plus sèche l'hiver que l'été, et que les arrosages soient peu fréquents pour les espèces de l'Inde et des pays chauds, et plus ou moins complètement suspendus pour les espèces qui proviennent des zones tempérées ou froides. Le repos des Orchidées tropicales n'est pas déterminé, comme dans nos pays, par un abaissement considérable de la température; il est au contraire provoqué par une sécheresse plus ou moins grande, qui s'oppose à leur végétation à certaines époques de l'année.

§ V. — De l'eau.

L'eau des gouttières est à peu près la meilleure qu'on puisse employer pour seringuer les Orchidées ou les arroser au pied. A cet effet, on doit recueillir toute la pluie qui tombe sur la toiture des serres ou des habitations, et la diriger par des gouttières et des tuyaux dans un réservoir creusé sous une des tablettes, ou dans un réservoir situé en dehors, qui alimentera le jet d'eau continu de la fontaine de la serre dans laquelle les plantes sont disposées en vue d'obtenir l'effet pittoresque dont il a été question ci-dessus.

Après l'eau des gouttières, qui est la meilleure pour seringuer, en ce qu'elle est ordinairement la plus propre, on peut se servir de l'eau de rivière lorsqu'elle aura pris, par un séjour de quelques heures dans la serre, la température convenable. On peut aussi employer l'eau de puits; mais, en raison de sa nature froide, on aura soin de la laisser séjourner assez longtemps à l'intérieur de la serre, pour qu'elle soit bien oxygénée au moment de l'employer.

§ VI. — De la propreté des Orchidées.

Le succès de la culture des Orchidées, comme de la plupart des plantes de serre chaude, dépend en grande partie de la propreté; on doit veiller attentivement à ce que la moisissure ou la mousse ne se développe pas sur les pots, sur la terre ou le sphagnum, et de la faire immédiatement disparaître.

Lorsque les feuilles des Orchidées sont chargées de poussière ou autres matières pouvant mettre obstacle à la respiration de la plante, il faut avoir soin de les enlever en passant sur ces parties une éponge trempée dans l'eau claire; on donne ensuite un léger coup de seringue afin de laver complètement les feuilles, après quoi on renverse la plante sur le côté pour laisser égoutter l'eau qui aurait pu s'introduire dans le cœur; ceci fait, on la remet en place.

§ VII. — Maladies des Orchidées.

On rencontre assez souvent, dans les serres, des Orchidées
languissantes ; mais cette altération de santé est presque toujours amenée par de mauvais procédés de culture, surtout
par l'insuffisance du drainage, qui cause fréquemment la
pourriture des racines.

Si, parfois, les tiges ou les pseudo-bulbes commencent
à se gâter ou à pourrir, on coupe jusqu'au vif les parties endommagées, en saupoudrant toute la surface de la
plaie avec de la poussière de charbon de bois bien sèche. En
employant ce remède très-simple et toujours à la portée du
cultivateur, il est rare qu'on n'arrête pas le mal sur le champ.
Si la pourriture tendait à se renouveler, il faudrait recom-
mencer l'opération jusqu'à disparition complète. En dehors
des effets désastreux de la pourriture et de l'altération de la
végétation qui se manifeste chez les Orchidées, le plus souvent à la suite d'une culture mal entendue, nous ne connaissons pas de maladies spéciales qui leur soient propres.

§ VIII. — Insectes nuisibles aux Orchidées.

Les ennemis les plus redoutables des Orchidées tropica'es
cultivées dans nos serres sont les cloportes et les limaces.

Les cloportes sont toujours plus nombreux dans les serres
en bois que dans celles en fer, surtout lorsqu'elles sont
vieilles et que le bois commence à se décomposer. Ils éta-
blissent leur retraite favorite entre les jointures du bois, et
dans le bois même lorsqu'il s'y est formé des vides ; on les trouve
même jusqu'à l'intérieur des pots, où ils rongent les racines,

et il est impossible, dans la plupart des cas, de les atteindre dans leurs retraites. Le meilleur moyen de les prendre, parmi tous ceux que nous connaissons, est de couper une ou plusieurs pommes de terre en deux et de les creuser en forme de cuvette; on les renverse ensuite sur la surface des pots ou des paniers à Orchidées, et s'il se trouve quelques cloportes dans le voisinage, il est rare qu'ils ne viennent pas s'y réfugier pendant le jour. De temps en temps on soulève ces morceaux de pommes de terre, et dès qu'on aperçoit des cloportes à l'intérieur, on les fait tomber à terre, et on les écrase avec le pied.

Les limaces sont plus à craindre encore que les cloportes, en ce qu'elles s'attaquent presque toujours aux bourgeons, aux fleurs, et jusqu'aux extrémités des racines aériennes. Une petite limace suffit pour ronger en quelques instants la hampe florale d'une Orchidée, et en détruire complètement la floraison. Le meilleur moyen de les prendre est de leur faire la chasse pendant la nuit ou de bonne heure le matin, la chandelle en main, avant le lever du jour, et de les prendre pour les écraser à terre. Dès l'aube du jour, les limaces vont se réfugier dans leurs retraites, où il est difficile de les découvrir.

IV

MULTIPLICATION ET PROPAGATION DES ORCHIDÉES

§ 1. — Semis.

A l'état sauvage, les Orchidées se multiplient fréquemment de leurs graines légères et menues, que le vent dissémine parfois à de longues distances, lorsque les gousses commencent à s'ouvrir. Elles germent dans les endroits où elles trouvent l'ombre et l'humidité suffisantes, quelquefois même entre l'écorce des vieux troncs d'arbres, dans les forêts chaudes et humides des pays tropicaux, s'alimentant uniquement par leurs racines aériennes, qui puisent dans l'air les éléments nécessaires au développement de la plante.

Jusqu'à présent, nous avons vu très-peu d'espèces se multiplier par le semis dans nos serres, et sur ce sujet très-important nous voudrions attirer tout particulièrement l'attention des amateurs et des cultivateurs d'Orchidées.

Dans les serres où on cultive les espèces de l'Inde et des autres parties chaudes du globe, et où on ouvre rarement les ventilateurs, la fécondation ne peut avoir lieu d'elle-même, par la raison qu'il n'y existe aucun souffle de vent et que les mouches et autres insectes qui pourraient transporter le pollen d'une espèce à l'autre y manquent presque toujours. Il devient alors absolument nécessaire d'aider la nature par quelques artifices, si on veut que les fleurs d'Orchidées soient

3.

fécondées. Plusieurs habiles jardiniers l'ont essayé avec succès, et nous pouvons citer à ce sujet le magnifique résultat
obtenu récemment par M. Leroy, jardinier en chef des cultures d'Orchidées de M. Guibert, à Passy, qui non seulement cultive les Orchidées tropicales avec beaucoup de succès, mais qui s'occupe aussi d'une façon toute particulière de
leur fécondation et de leur hybridation. Il a obtenu, entre
autres succès, d'excellentes graines d'une espèce rare encore
dans les cultures, le *Selenipedium Schlimii*, Lind. et
Rchb. f., et ces graines lui ont donné un bon nombre de
jeunes plantes qui ont déjà fleuri pour la plupart. Nous avons
observé une fois de plus, à propos de ces semis, que nous
sommes loin encore de savoir ce qui convient le mieux aux
graines de certains végétaux pour que leur germination puisse
s'opérer d'une manière parfaite. En effet, la plupart des graines
qui se sont échappées des enveloppes et qui furent disséminées
sans doute par un courant d'air dans le sphagnum placé à la
surface des pots des autres espèces qui se trouvaient dans le
voisinage et à plusieurs mètres de distance, ont commencé à
germer au bout d'environ deux mois, et successivement pendant deux années, en donnant naissance à de jolies petites
plantes entre les brins de sphagnum; tandis que les semis
qui avaient été faits en terrines, et parfaitement soignés d'a-
près les principes regardés comme les meilleurs, n'ont produit qu'un très-petit nombre d'individus chétifs et rabougris,
qu'on pourrait croire avoir été semés au moins une année
plus tard que ceux provenus de graines disséminées en quelque
sorte au hasard.

Un des faits qui attira tout particulièrement notre attention dans ce semis naturel, c'est qu'une partie des graines
sont allées germer dans le sable étendu sur les tablettes en

dessous des plantes, et même jusque dans les tessons qui
constituaient le drainage du pot dans lequel se trouvait
la plante mère, et qui recevaient un peu de lumière par
les trous qui servent à l'écoulement de l'eau des arrosages.
Ce phénomène fut attribué à l'eau, qui aurait entraîné les
graines, qui sont très-menues, à travers la couche de sphagnum
et de terre jusque dans les tessons où elles se sont fixées, et
de telle sorte que, recevant là la chaleur et l'humidité suffisantes, elles y ont germé.

Une autre espèce d'Orchidée non moins remarquable pro-
duisit également des graines dans les serres de M. Guibert :
c'est le *Vanda (Renanthera) Lowii.* On sait que cette belle
espèce produit des grappes de fleurs qui atteignent parfois 2 et
3 mètres de longueur, et dont la première fleur est toujours
d'un beau jaune vif, tandis que toutes celles qui suivent, et
à une assez grande distance de la première, sont d'un jaune
pâle, rubanées de larges lignes rouge pourpre. Ces fleurs, bien
que sur la même grappe, n'ont pas entre elles la moindre
ressemblance ; elles furent heureusement fécondées de la
manière suivante : pendant qu'une des fleurs jaunes était
fécondée avec le pollen d'une rouge, une des fleurs rouges
l'était avec le pollen d'une jaune ; les deux ovaires grossirent,
et atteignirent leur complète maturité, et, vues au microscope,
les graines paraissaient renfermer tous les organes de la germination. Elles ont été semées avec le plus grand soin, et on
en attend un résultat prochain.

Les *Ærides quinquevulnerum,* Lindl. ; *Stanhopea tigrina,* Bat. ; *Cattleya Lindleyana,* Rchb. f. ; *Vanda cærulea,*
Lindl., etc., ayant été également fécondés par des moyens artificiels, produisirent des graines qui furent semées dans d'excellentes conditions et dont on attend également le résultat.

Dans l'intérêt général de l'horticulture, il serait à désirer que les expériences de cette nature se multipliassent, et que tous les cultivateurs d'Orchidées imitassent M. J. Leroy, en fécondant artificiellement les fleurs d'Orchidées, ou du moins des espèces les plus précieuses ; et si sur un certain nombre d'expériences on parvient seulement à réussir sur une seule espèce, comme le *Selenipedium Schlimii,* par exemple, ou tout autre d'un prix élevé, on se trouvera largement dédommagé du peu de temps qu'on aura passé à féconder les fleurs. C'est à l'aide de la fécondation artificielle que M. Ch. Morren a obtenu une si grande quantité de fruits de la Vanille dans les serres du Jardin botanique de l'Université de Liége. Ce résultat avait fait naître chez le célèbre professeur l'idée d'en établir des cultures spéciales auxquelles il aurait donné une direction convenable, et qui, certes, eussent été d'un grand rapport ; malheureusement la mort a interrompu trop tôt les travaux mémorables de cet homme illustre. Outre les avantages immenses qu'on peut se procurer par la fécondation artificielle en obtenant des graines des espèces rares et dont les fleurs ne peuvent en produire d'elles-mêmes, il y a encore la question de l'hybridation, c'est-à-dire la fécondation entre espèces différentes, dans le but d'obtenir des variétés nouvelles.

§ II. — Propagation par division.

La multiplication des Orchidées acaules a lieu généralement par la division des pieds, dont on peut placer de suite les parties à la place qui leur est destinée ; on les traite alors comme des plantes formées. Quelquefois aussi, il se développe chez certaines espèces de jeunes individus sur les

tiges florales après la floraison ; on les éclate lorsqu'ils ont
une ou plusieurs racines, et on les empote pour leur donner les
soins nécessaires aux jeunes plantes, ou encore on les attache
immédiatement sur des morceaux de bois. Les *Phalœnopsis*
et plusieurs autres se multiplient fréquemment de cette manière.

§ III. — Propagation par boutures.

Les espèces caulescentes se multiplient de boutures en
toute saison ; celles qui ont beaucoup de racines aériennes
peuvent être empotées immédiatement dans des pots ou des
paniers, en ayant soin de les placer, pendant les premiers
jours, dans les parties les plus chaudes et les mieux étouffées
de la serre, et de les y tenir jusqu'à ce que les racines soient
bien fixées à l'intérieur des pots ou des paniers.

Le *Vanda teres*, les diverses espèces de Vanilles, etc., se
multiplient avec une grande facilité de boutures herbacées
sous cloches ou sous châssis dans les serres chaudes, même
lorsqu'elles n'ont aucune apparence de racines aériennes.

V

REVUE DES GENRES ET DES ESPÈCES D'ORCHIDÉES

QU'IL CONVIENDRAIT

DE CULTIVER DANS LES COLLECTIONS D'AMATEURS.

———

Les espèces dont le nom est précédé d'un * peuvent être cultivées en serre tempérée ; la plupart même sont cultivées dans les serres à vignes de l'Angleterre.

Celles dont le nom est précédé d'une † sont remarquables par la beauté, l'abondance ou le parfum de leurs fleurs.

———

ACINETA, Lindl. (Vandées).

† * 1. **Humboldtii**, Lindl. Pseudo-bulbes oblongs, sillonnés, portant une seule feuille oblongue et lancéolée ; les fleurs d'un rouge brun, ponctuées et pointillées de rouge brique foncé, apparaissent sur une hampe moins longue que la feuille. Vénézuela.

ÆRIDES, Lour. (Vandées).

† 1. **affine**, Wall., *Cat.* ; Lindl., *Gen. and spec.*, p. 239. Feuilles canaliculées et un peu recourbées. Les fleurs sont disposées en grappes dressées, très-longues, d'une grande délicatesse et d'une beauté rare, roses, tachetées de rouge foncé, avec le labelle plus coloré, présentant une large macule rouge sang sur son milieu. Népaul et Sylhet.

† 2. **crispum**, Lindl., in Wall.,*Catal.*;Ldl.,*Gen. and spec.*, p. 239. Remarquable par l'abondance des racines épaisses, charnues, bleuàtres, qu'émet sa tige. Feuilles planes, obtuses au sommet, qui est oblique et bilobé. Grappes pendantes, allongées, comprenant un grand nombre de fleurs plus grandes que chez la généralité des espèces du genre, d'un très - beau blanc, avec le labelle coloré, dans toute sa portion terminale, en beau rose bordé de blanc. Bombay.

† 3. **Lindleyanum**, Rob. Wight. « Forme d'un Vanda. Plante petite, dressée ; inflorescence belle. Fleurs très-grandes, nombreuses, serrées ; la fleur est très-délicate, de couleur lilas, passant au blanc pur, extraordinairement belle, bien ouverte, avec

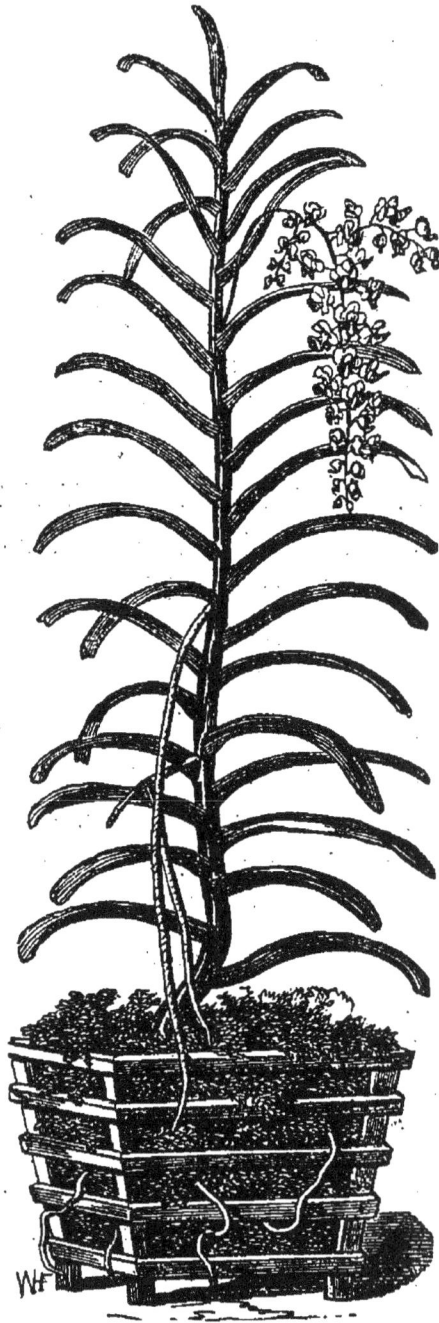

Fig. 6. — .Erides crispum.

toutes les folioles de son périanthe égales, entières, obtuses au sommet, etc. » Beer. *Praktische Studien,* p. 186.

† 4. **maculosum,** Ldl., *Bot. Reg.,* 1845, VI, 58. Feuilles coriaces, planes, obliques au sommet, qui est obtus. Grappes serrées, presque paniculées, nutantes, formées d'un grand nombre de fleurs charmantes, larges d'environ 3 centimètres et demi, à fond blanc, lavées en majeure partie de rose, ponctuées de rouge brunâtre, avec le labelle blanc à sa base, rose lilas sur la plus grande portion de son étendue, pourpre vif sur le disque. Bombay. Variété *majus.*

† 5. **nobile,** R. Warner. Variation magnifique de l'*Æ. suavissimum.* Les fleurs grandes et très-belles, lavées de rose pâle sur fond blanc, apparaissent en longues grappes pendantes.

† 6. **odoratum,** Lour., Ldl., *Gen. and spec.,* p. 239. Plante vigoureuse, dont la tige acquiert jusqu'à un mètre de longueur. Feuilles flasques, obtuses et obliques au sommet. Grappes pendantes, dépassant les feuilles, mesurant jusqu'à 50 centimètres de longueur, et comprenant un très-grand nombre de fleurs délicieusement odorantes, blanches, avec le sommet de toutes les folioles roses et d'un très-bel effet. Cochinchine. Variétés *compactum, longeracemosum, majus, pubescens, purpurascens,* etc.

† 7. **quinquevulnerum,** Lindl., *Sert. Orchid.,* t. 30. Feuilles ligulées, arrondies au sommet, où elles sont échancrées obliquement avec une petite pointe dans l'échancrure, carénées, longues de 25 centimètres, larges de 3 1/2. Très-belles grappes pendantes, plus longues que les feuilles, comprenant un très-grand nombre de fleurs inodores; à sépales et pétales blancs, présentant quelques points

pourpres près de la base, et une tache d'un rouge vif près du sommet, avec le labelle blanc ponctué de pourpre sur les lobes latéraux, rouge intense bordé de blanc sur le lobe médian. Philippines.

† 8. **suaveolens,** Blume, *Rumphia,* IV, p. 53. Tige longue de 3 décimètres, grêle. Feuilles coriaces et raides, linéaires, un peu canaliculées, obliquement échancrées au sommet. Grappes pendantes, plus longues que les feuilles, comprenant plusieurs fleurs très-odorantes, larges de 2 centimètres et demi, colorées en lilas pâle et délicat, plus vif, et portant une tache pourpre au bout des folioles du périanthe. Java. Variété *suaveolens virens*, Blume.

† 9. **Williamsii,** R. Warner. Magnifique variation, probablement, de l'*Æ. Fieldingii*. Les grappes sont pendantes, longues d'environ 50 centimètres. Les fleurs, très-nombreuses, sont blanches, lignées de rose sur le labelle. Inde.

On trouve encore dans les cultures les espèces suivantes :

	PATRIE.	OBSERVATIONS.
†10. Æ. **cylindricum,** L. d. C.	Indes orient.	
†11. **Fieldingii,** F. Moore.	Indes orient.	13. La fleur exhale une odeur agréable, analogue à celle du Muguet de mai (*Convallaria maïalis*).
†12. **Larpentæ,** Lindl.	Indes orient.	
†13. **Lobbii,** Hort.	Indes orient.	
†14. **pallidum,** Blume.	Timor.	
†15. **suavissimum,** Nobile N.	Indes.	17. Fleur grande et jolie, jaune verdâtre, élégamment tachée en damier, sépales et pétales étalés, onguiculés, obovales, obtus et crispés; labelle à éperon conique et droit.
†16. **Schroderii**	Amér. tropic.	
†17. **tessellatum,** Wight	Indes orient.	
†18. **Veitchii,** H. V.	Indes.	
†19. **Warnerii**	Amér. tropic.	

ANŒCTOCHILUS, Blume (Néottiées).

1. **Lobbianus,** Planch. Espèce très-remarquable, à macule étendue sur le milieu de la feuille. Diffère de l'*A. setaceus*

Fig. 7. — Anœctochilus Lobbianus.

par ses fleurs plus grandes, à labelle longuement bilobé. Java.

2. **Lowii,** Hortul. Feuilles ovales, d'un beau vert velouté, avec cinq nervures principales dorées et longitudinales.

Très-remarquable par son beau feuillage, et même par son inflorescence en épi. Java.

3. **setaceus,** Blume (vulgairement *Roi des forêts*). Petite plante charmante, à feuilles ovales-aiguës, vert foncé velouté de bronze, à nervures dorées. Face inférieure rouge violacé. Fleurs blanches. Java.

4. **Roxburghii,** Ldl. Espèce robuste offrant, dans le coloris de ses feuilles, des variations très-différentes et très-remarquables. Inde.

On cultive encore les espèces et variétés suivantes :

	PATRIE.	OBSERVATIONS.
5. **A. Bullenii,** H. Low.	Bornéo.	5. Espèce nouvellement introduite par M. Hugh Low.
6. **Nevilleanus,** H. Low.	Bornéo.	
7. **Petola** (Macodes), L. d. C.	Bornéo.	7. L'une des plus belles espèces du genre, à feuilles richement ornées.
8. **Reinwardtii,** Bl.	Java.	
9. **Ruckeri,** H. Low.	Bornéo.	9. Feuilles larges et ovales d'un beau vert bronzé, marquées de six rangées de petites taches distinctes.
10. **setaceus cordatus**	Ceylan.	
11. **setaceus intermedius**	Ceylan.	13. Espèce remarquable, nouvellement introduite et à grand feuillage.
12. **striatus,** Lindl.	Bornéo.	
13. **Veitchii,** Hort. V.	Bornéo.	
14. **xanthophyllus,** Pl.	Java.	

ANGRÆCUM, Du Petit Thouars (Vandées).

† 1. **eburneum,** Du Pet. Thouars, *Orchid., Afr.,* tab. 65. Tige simple. Feuilles coriaces, longues et raides, rubannées, obliques au sommet, qui est trilobé ; marquées de sept lignes longitudinales. Hampe dressée, portant plusieurs

grandes et belles fleurs dirigées toutes du même côté, d'un beau vert olivâtre clair, avec le labelle blanc et lustré comme de l'ivoire poli. Madagascar.

† 2. **sesquipedale,** Du Pet. Th., *Orchid., Afr.,* tab. 66-67.

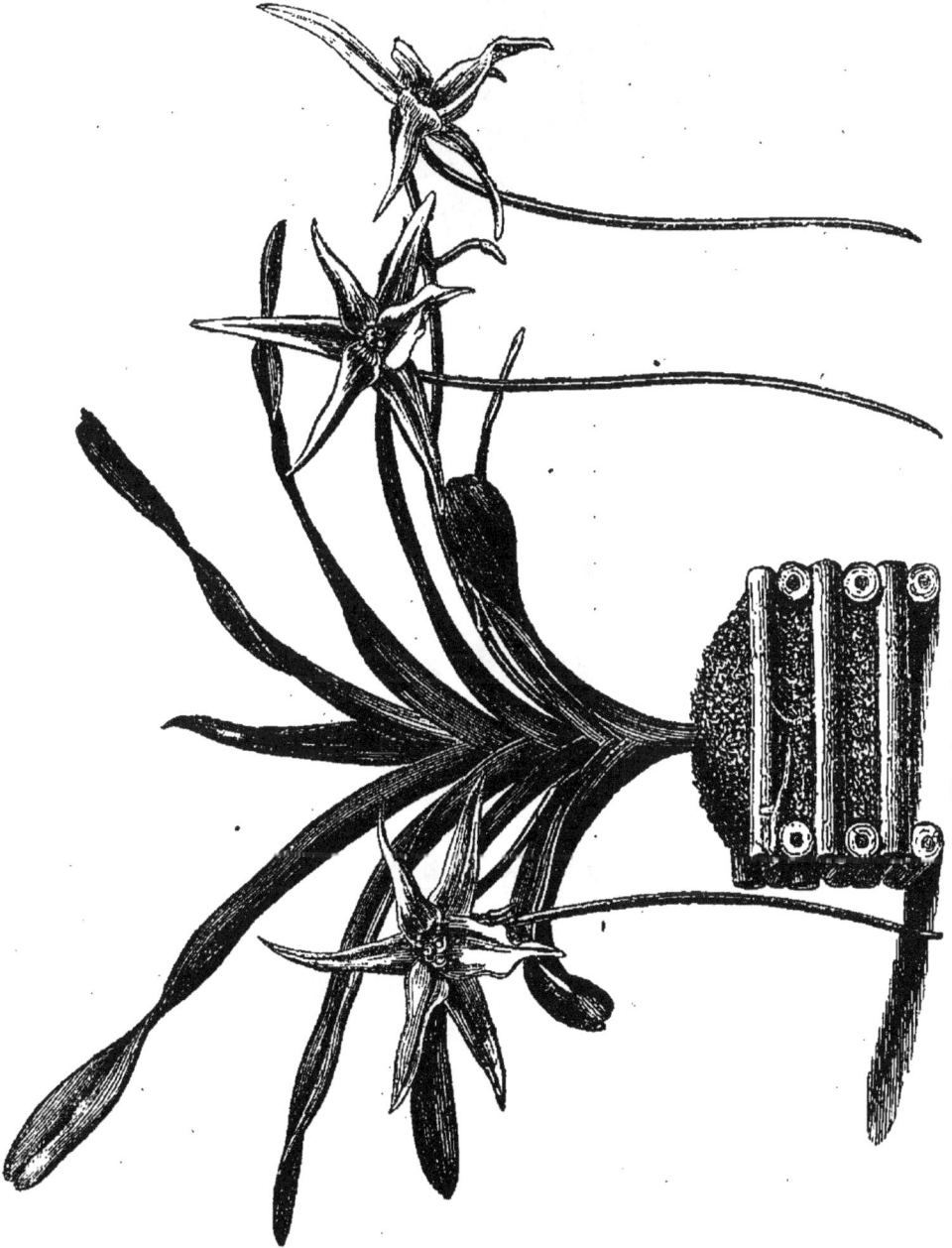

Fig. 8. — Angræcum sesquipedale.

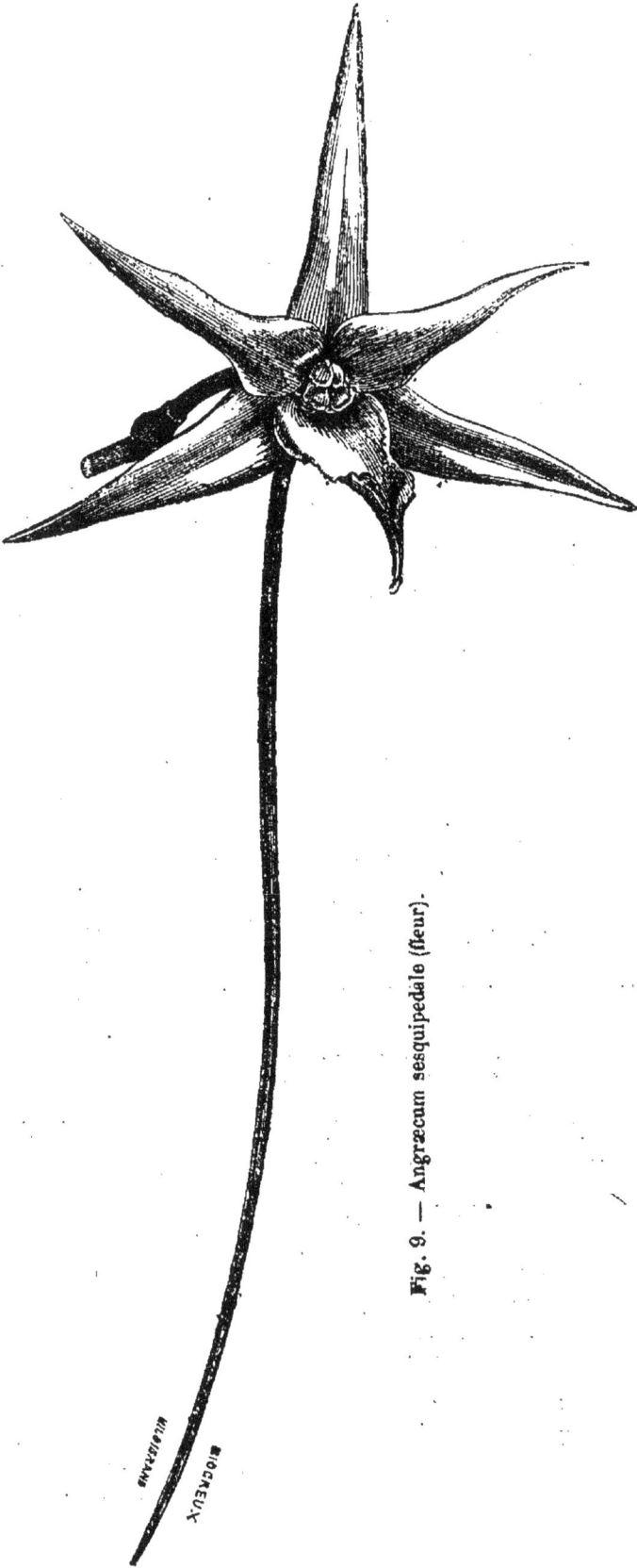

Fig. 9. — Angræcum sesquipedale (fleur).

Feuilles distiques, très-rapprochées, oblongues, très-obtuses au sommet, qui est bilobé; canaliculées. Hampes axillaires, portant chacune trois fleurs blanches, qui mesurent plus de 15 centimètres du sommet du sépale supérieur à celui du labelle. Iles d'Afrique.

† 3. **superbum**, Du Pet. Th., *Orch., Afr.,* tab. 62-63-64. Plante magnifique par son feuillage comme par ses fleurs, et beaucoup plus belle que les précédentes, dont Lindley suppose qu'elle est seulement une variété. Feuilles distiques, en ruban, obliques au sommet, qui est bilobé; longues de 50 centimètres et plus. Hampes dressées ou ascendantes, atteignant plus d'un mètre de hauteur, et portant plusieurs fleurs unilatérales, blanches, larges de 12 centimètres. Madagascar.

Autres espèces cultivées :

	PATRIE.	OBSERVATIONS.
† 4. **A. bifolium**, Lindl.	Sierra-Leone.	4. Fleurs verdâtres à folioles du périanthe brunâtres dans le bas, avec le labelle blanc et l'éperon roussâtre.
† 5. **caudatum**, Lindl.	Sierra-Leone.	
6. **palmiforme**, D. Pet. Th..	Ile-Bourbon.	

ANGULOA, Ruiz et Pav. (Vandées).

† * 1. **Clowesii**, Lindl., *Bot. Reg.*, 1844. Pseudo-bulbes ovales, allongés. Feuilles ovales-lancéolées, à cinq nervures. Hampe radicale, portant des écailles lâches et une seule fleur renversée, large de 8 centimètres, jaune, avec le labelle blanc; renversée. Colombie.

† * 2. **Ruckerii**, Lindl., *Bot. Reg.*, 1846, t. 61. Pseudo-bulbes longs, peu sillonnés. Hampe radicale, embrassée par des écailles renflées et imbriquées, portant une grosse fleur

jaune, mouchetée intérieurement de rouge, avec le labelle rouge. Colombie.

Autres espèces cultivées :

	PATRIE.	OBSERVATIONS.
† 3. **A. aurantiaca**, Lindl.. . . . . . . Nlle-Grenade.		5. Espèce nouvelle très-remarquable, introduite par M. Lind.:n.
† 4. **eburnea**, Linld.. . Pérou.		
† * 5. **purpurea**, Lindl. Mérida.		7. Autre espèce nouvelle introduite de la Nouvelle-Grenade.
' **uniflora**, R. et P. . . . Colombie.		
† * 7. **virginalis**, Lind. Nlle-Grenade.		

' ANSELLIA, Lindl. (Vandées).

† 1. **africana**, Lindl., *Bot. Reg.*, 1844. Très-belle plante, dont la tige est haute d'environ 65 centimètres ; les feuilles sont d'un beau vert, plissées et coriaces ; les fleurs, en très-grand nombre, forment une belle et grande panicule ; leur couleur est un vert olivâtre clair, semé de taches d'un pourpre brunâtre, nombreuses, surtout vers le bord des folioles ; le labelle est jaune sur son lobe médian, tandis que la colonne est rouge dans sa partie supérieure. Sierra-Leone.

BARKERIA, Knowl et Weste (Epidendrées).

† * 1. **elegans**, Knowl et W., *Flor. Cabin.*, II, tab. 49. Tige très-peu renflée en pseudo-bulbe, haute de 2 à 3 décimètres, arrondie, striée, entièrement couverte de gaînes sèches et de feuilles longuement engaînantes à leur base, presque distiques, espacées, oblongues, un peu aiguës, étalées. Hampe terminale environ deux fois plus longue que la tige, grêle, couverte en majeure partie de longues écailles scarieuses, terminée par une grappe lâche de cinq ou plusieurs

fleurs très-jolies, larges de 6 ou 7 centimètres, colorées en beau lilas en dedans, rose clair en dehors, avec le labelle presque blanc, parsemé de grandes taches rose foncé vers l'extrémité. Mexique.

†*2. **spectabilis,** Batem., *Orch. of Mex. and Guat.*, t. 33. Tiges cylindriques, peu épaisses, hautes de 10 à 15 centimètres, se renflant un peu dans le haut, où elles portent deux ou trois feuilles oblongues, coriaces et épaisses, d'un vert foncé, à côte médiane marquée. Hampe terminale, embrassée à sa base par une longue écaille brune, haute de 20 à 25 centimètres, portant 7-9 grandes et belles fleurs larges de 9 à 10 centimètres, colorées en rose lilas, parsemées de taches arrondies plus foncées, avec le labelle jaunâtre, taché et terminé de pourpre. Mexique.

On cultive encore les espèces suivantes :

	PATRIE.	OBSERVATIONS.
†*3. **B. Lindleyana,** Batem.	Costa-Rica.	3. Espèce dont l'apparence rappelle un petit Epidendrum.
†*4. **Skinneri,** Lindl.	Guatemala.	

BLETIA, R. et P. (Epidendrées).

*hyacinthina, R. Br. *Hort. Kew.*, 2e éd., v. p. 206. Pseudobulbe déprimé, brunâtre. Hampe latérale, feuillée. Feuilles ovales-lancéolées, aiguës, plissées. Fleurs de grandeur moyenne, d'une couleur purpurine uniformé, en grappe simple, pauciflore, accompagnées de bractées roses. Chine et Japon.

Autres espèces remarquables :

	PATRIE.	OBSERVATIONS.
2. **B. fulgens,** Lindl. et Rchb. F.	Mexique.	3. Fleurs très-jolies, bien ouvertes, colorées en lilas rougeâtre.
3. **patula,** Graham	Haïti.	

BRASSAVOLA, R. Br. (Epidendrées).

* 1. **glauca,** Batem., *Orch. of Mex. and Guatem.,* tab. 16. Rhizôme rampant, épais, donnant à de faibles distances des rameaux à peine renflés, longs seulement de quelques centimètres, couverts de gaînes brunâtres, distiques, terminés par une feuille oblongue, obtuse, coriace, glauque, à peu près plane, longue de 12 centimètres. De la spathe sort une fleur solitaire, large de 11-12 centimètres, verte, à folioles bordées de brun fauve, avec le labelle blanc, jaunâtre au milieu et vers son extrémité. Mexique.

. **grandiflora,** Lindl., *Bot. Reg.,* 1839. Cette plante est surtout remarquable par la grandeur de ses fleurs, qui n'ont pas moins de 15 à 16 centimètres de largeur, et qui sont verdâtres, avec le labelle blanc. Honduras.

On cultive encore les espèces suivantes :

PATRIE.	OBSERVATIONS.
. **B. Digbyana,** L. d. C. Honduras.	3. Fleur solitaire exhalant une odeur délicieuse, très-grande, mesurant 20 cent. au moins de large; verte, avec le labelle d'un blanc pur.
. **nodosa,** Lindl. . . . Antilles.	
5. **Perrinii,** Lindl. . . . Rio-Janeiro.	
'. **venosa,** Lindl. . . . Honduras.	

BRASSIA, Rob. Br. (Vandées).

. **brachiata,** Lidl., in *plant. Hartw.,* p. 94. Fleurs trèsgrandes, mesurant, dans les individus cultivés, jusqu'à 3 décimètres de longueur, colorées en vert pâle, avec un grand nombre de tachés oblongues d'un beau brun, et les nervures du labelle vertes. Guatemala.

2. **verrucosa,** Lindl., *Bot. Reg.,* 1840, n° 66. Pseudobulbes ovoïdes, aplatis, cannelés, diphylles, longs de 10 centimètres. Feuilles étroites, obtuses, longues de 50 centimètres. Grappes dressées, formées de fleurs nom-

breuses, très-grandes, d'un vert olivâtre clair, avec un grand nombre de ponctuations rouges. Guatemala.

Autres espèces cultivées :

	PATRIE.	OBSERVATIONS.
3. **B. caudata,** Lindl.	Indes orient.	
4. **cinnamomea,** Lindl.	Sierra-Nevada.	5. Il existe plusieurs variétés remarquables de cette espèce ; ce sont, entre autres : *Lanceana macrostachya* et *pumila*.
5. **Lanceana,** Lindl.	Caracas.	
* 6. **Lawrenceana,** Lindl.	Brésil.	
* 7. **maculata,** Rob. Br.	Jamaïque.	

BURLINGTONIA, Lindl. (Vandées).

† 1. **candida,** Lindl., *Bot. Reg.*, tab. 1927. Pseudo-bulbes petits, ovales, lisses, monophylles. Feuilles oblongues, un peu canaliculées. Grappe pendante, formée de 5-7 charmantes fleurs blanches demi-transparentes, présentant une bande jaune sur le milieu du labelle, longues de 5 à 6 centimètres. Demerara.

† 2. **fragrans,** Lindl., *Bot. Reg.*, sub. tab. 1927. Espèce charmante, qui exhale une délicieuse odeur de jonquille, et qui ressemble au *B. candida ;* mais ses jolies grappes de fleurs sont dressées. Brésil.

† 3. **rigida,** Lindl., *Bot. Reg.*, sub. t. 1927. Tiges dressées, arrondies, dures et raides, portant des pseudo-bulbes espacés, obovales, comprimés, monophylles. Feuilles oblongues. Hampe longue et raide, formant à son extrémité une grappe courte de 5 ou 6 fleurs blanches, qui ont à peu près la grandeur de celles du *B. candida*, et qui exhalent un parfum de violette. Brésil.

† 4. **venusta,** Lindl., *Sert. Orch.*, t. 2. Pseudo-bulbe comprimé, à peine de la grosseur d'une noix, monophylle.

Feuille oblongue, obtuse, lisse et plane. Grappe pendante, élégante, formée de nombreuses fleurs blanches légèrement lavées de rose. Brésil.

On cultive encore les :

PATRIE.	OBSERVATIONS.
4. **B. maculata**, Lindl. Pérou, Brésil.	5. Fleurs petites, odorantes, jaunes, semées de taches cannelle.
6. **rubescens**, Lindl. . Pérou.	

CALANTHE, R. Br. (Vandées).

1. **Musaca,** Lindl., *Bot. Reg.*, 1855, t. 37. Feuilles larges, oblongues, acuminées, pétiolées, pubescentes en dessous, dépassées par la hampe, qui porte une grappe de 12-13 belles fleurs larges d'environ 7 centimètres, colorées en lilas sur les pétales et à l'intérieur des sépales, en violet pourpre sur le labelle. Népaul.

2. **veratrifolia**, R. Br., in *Bot. Reg.*, t. 720. Feuilles oblongues, aiguës, ondulées, très-plissées, dépassées par la hampe. Belle grappe multiflore, pyramidale, serrée, formée de fleurs charmantes, d'un blanc de neige, marquées sur le labelle de quelques points jaunes. Java, Ceylan.

3. **vestita**, Wall., *Catal.* Plante revêtue de poils mous. Hampe haute de 3 décimètres et plus. Grappe lâche, formée de grandes fleurs qui mesurent de 8 à 9 centimètres de hauteur, et qui sont blanches, avec une tache d'un beau rouge sur le milieu du labelle. Empire Birman.

Autres espèces remarquables :

PATRIE.	OBSERVATIONS.
4. **C. bicolor**, Lindl. . . Java.	5. Hampe portant douze à vingt fleurs colorées en pourpre vineux, avec le labelle blanc, légèrement rose.
' 5. **discolor**, Lindl. . . Japon.	
6. **plantaginea**, Lindl. Népaul.	
7. **sylvatica**, Lindl. . . Maurice.	7. Hampe portant une quinzaine de fleurs grandes et d'un joli rose.

CAMAROTIS, Lindl. (Vandées).

1. **purpurea,** Lindl., *Sert. Orch.*, t. 19. Tige grêle, allongée. Feuilles oblongues, linéaires, échancrées au sommet, raides. Fleurs nombreuses et jolies, roses, avec l'extrémité du labelle d'un rose plus vif. Indes orientales.

CATASETUM, Rchb. (Vandées).

1. **longifolium,** Lindl., *Sert. Orch.*, t. 31. Feuilles très-longues, linéaires. Grappe pendante, cylindracée, longue, comprenant de nombreuses fleurs colorées en bel orangé, étroitement bordées de violet. Démérara.

Les fleurs des espèces suivantes sont encore assez remarquables :

PATRIE.	OBSERVATIONS.
2. **C. barbatum,** Lindl. Rio-Négro.	3. Fleurs nombreuses, grandes et belles, pourpres ou tachées de pourpre sur un fond vert avec le labelle blanc.
3. **laminatum,** Lindl.. Mexique.	
4. **saccatum,** Lindl... Démérara.	
5. **sanguineum,** Lindl. N^{lle}-Grenade.	6. Espèce plutôt bizarre que belle.
6. **tridentatum,** Lindl. Brésil.	

CATTLEYA, Lindl. (Epidendrées).

† 1. **Acklandiæ,** Lindl., *Flore des serres*, VII, p. 83. Tige peu renflée, revêtue de gaînes tubuleuses, rapprochées, blanchâtres, hautes d'environ 3 décimètres, diphylle. Feuilles ovales-oblongues, un peu aiguës au sommet. Fleurs presque solitaires, larges de 3 centimètres environ, belles, d'un beau vert olive moucheté de rouge, avec le labelle d'un rouge vineux, très-pâle ou blanchâtre vers la base, jaune au milieu. Brésil.

† * 2. **citrina,** Lindl., *Gen. and spec.,* p. 117. Pseudo-bulbes longs seulement de 3 décimètres, ovales, revêtus d'une membrane scarieuse jaunâtre, diphylles. Feuilles

ligulées-lancéolées, aiguës, sans nervures apparentes, un peu coriaces, glauques, longues de 12 à 15 centimètres. Fleurs solitaires, grandes, portées sur une hampe courte qui sort d'entre les deux feuilles, odorantes, colorées en jaune citron avec le milieu du labelle orangé, à moitié ouvertes. Mexique.

† 3. **elegans,** Morren., *Annal. de Gand,* tab. 185. Cette belle espèce est voisine du *C. superba*, mais elle a les feuilles beaucoup plus étroites, et son labelle ne présente sur sa surface ni callosités, ni veines proéminentes. Ses grandes et très-belles fleurs sont de couleur rose, avec le labelle d'un violet pourpre intense. Brésil.

† 4. **granulosa,** Lindl., *Bot. Reg.,* 1842 (*C. Leopoldii,* Hort.). Tiges grêles, cylindriques, hautes de 3 décimètres, diphylles. Feuilles oblongues-lancéolées, obtuses, épaisses, raides et coriaces. Fleurs larges de 8-9 centimètres, nombreuses, d'un vert olivâtre moucheté de brun, avec le labelle blanc sur les côtés et au sommet, d'un orangé vif au milieu, où il est tacheté de rouge écarlate. Brésil.

† 5. **guttata,** Lindl., *Bot. Reg.*, tab. 1406. Cette plante ressemble un peu au *C. Forbesii* pour le port et pour la forme générale de la fleur. Ses tiges sont peu renflées en pseudo-bulbes, allongées, et elles portent chacune deux feuilles longues et étroites, échancrées au sommet, à peu près aussi longues que l'inflorescence. Hampe portant 2 à 5 fleurs colorées en jaune verdâtre, élégamment tachetées de rouge, avec le labelle lavé de pourpre. Brésil.

† 6. **Harissoniana,** Batem., in *Bot. Reg.*, sub. tab. 1919. Plante très-voisine du *C. Loddigesii*. Pseudo-bulbes allongés et étroits, paraissant blancs à cause des gaines desséchées qui les recouvrent. Feuilles étroites-lancéolées.

4.

Fig. 10. — Cattleya Mossiæ.

Grappe de 2-4 fleurs d'un joli rose clair, avec le labelle blanc et en partie jaune d'or. Brésil.

† **7. Loddigesii,** Lindl., *Coll. Bot.*, tab. 37 (*Cattleya intermedia*, Grah.). Pseudo-bulbes allongés, cylindracés, légèrement anguleux, couverts de deux écailles blanchâtres, diphylles. Feuilles oblongues, sans nervures apparentes,

coriaces. Spathe grande, foliacée, tubuleuse, de laquelle sort une hampe cylindrique, tachetée, haute de 10 à 15 centimètres, portant 1-3 fleurs très-grandes et très-belles, de couleur lilas, plus pâle sur le labelle, bien ouvertes. Brésil.

Fig. 11. — Cattleya Mossiæ.

† 8. **maxima**, Lindl., *Gen. and spec.*, p. 116. Plante forte et grande. Pseudo-bulbes assez fortement renflés, longs de 2 à 3 décimètres, monophylles. Feuille oblongue, étroite, obtuse aux deux extrémités, charnue. Fleurs très-grandes, mesurant jusqu'à 18 et même 20 centimètres de diamètre, colorées en beau rouge carminé, avec le labelle plus pâle, veiné de rouge pourpre vif. Colombie.

† 9. **Mossiæ**, *Bot. Mag.*, tab. 3669. Variété du *C. labiata*,

dont elle diffère par son labelle élégamment veiné de rouge sur fond jaunâtre. Originaire de Caracas, où elle croît à 3,000 pieds d'altitude.

† 10. **Skinneri**, Batem., *Orch. of Mex. and Guat.*, t. 13. Tige renflée en pseudo-bulbe épais dans son milieu, comprimé, long de 3 décimètres, diphylle. Feuilles oblongues, charnues, recourbées, longues de 12 à 15 centimètres. Grappe courte, serrée, terminale, sortant d'une grande spathe, comprenant 4-12 fleurs larges de 10-11 centimètres, colorées en joli rose, avec le labelle blanchâtre au centre, d'un rouge vif sur les bords. Guatemala.

† 11. **superba**, Lindl., *Sert. Orch.*, tab. 22. Tige couverte, dans sa jeunesse, de gaînes imbriquées qui tombent dans un âge avancé et la laissent voir alors renflée en massue comprimée, profondément cannelée. Feuilles géminées sur chaque tige, ovales-oblongues, obtuses, coriaces, marginées, plus courtes que la tige; d'entre ces deux feuilles s'élève une grande spathe foliacée, qui sèche de bonne heure, et d'où sort une hampe portant de trois à six fleurs. Fleurs très-belles, odorantes, larges de 12 à 14 centimètres, colorées en beau rouge carminé tirant sur le lilas, avec le labelle d'un magnifique pourpre, jaune au milieu, où se montrent des lignes rouges. Guyane.

† 12. **Walkeriana**, Gardner in *Lond. Journ. of Bot.*, II, p. 662. Pseudo-bulbes en massue et cannelés, courts et épais, monophylles. Feuille oblongue, concave, coriace. Hampe uniflore ou biflore, sortant d'une spathe rougeâtre, courte et étroite. Fleur odorante, large de 12 à 14 centimètres, colorée en beau rose lilas, avec le labelle plus vivement coloré, veiné de rouge intense et plus ou moins jaune au centre. Brésil.

Autres espèces remarquables :

	PATRIE.	OBSERVATIONS.
† 13. **C. amethystina,** Hort. . . . . . . Brésil mérid.		
† 14. **amethystiglos- sa,** Lind. . . . . . Colombie.		19. Fleurs odorantes, d'un blanc pur, marquées d'une grande tache pourpre sur le disque du labelle; la hampe pendante sortant d'une grande spathe foliacée porte plusieurs belles fleurs.
† 15. **Arembergii,** Sch. Brésil.		
† 16. **Bogotensis,** Ldl. Colombie.		
† 17. **bicolor,** Lindl. . . Brésil.		
† 18. **bulbosa,** Lindl. . Brésil.		
† 19. **crispa,** Lindl. . . Brésil.		20. Espèce nouvelement introduite en Angleterre par M. Veitch, horticulteur à Chelsea.
† 20. **Dowieana,** H. V. Costa-Rica.		
† 21. **Forbesii,** Lindl. . Brésil.		
† 22. **intermedia,** Gr. Brésil.		
† 23. **labiata,** Lindl. . . Brésil.		
† 24. **Lemoniana,** Ldl. Brésil.		28. Fleurs d'un beau rose lilacé avec le labelle veiné de rouge sur fond jaune.
† 25. **lobata,** Lindl. . . Brésil.		
† 26. **Luddemannia- na,** Rchb. F. . . Colombie.		
† 27. **marginata,** Hort. Brésil.		31. Fleur solitaire, penchée, colorée en rose lilas, avec le labelle d'un beau rouge pourpre, souvent bordé de blanc.
† 28. **Mossiæ super- ba,** Lindl. . . . Vénézuela.		
† 29. **Perrinii,** Lindl. . Brésil.		
† 30. **Pinelii,** Lindl. . . Brésil.		
†31. **pumila,** Hort. Kew. Brésil.		34. Fleurs très-grandes, larges de 18 centimètres, blanc pur avec le centre marqué de lignes jaunes.
† 32. **Schilleriana** . . Brésil.		
† 33. **Trianei,** Lind. . Nlle-Grenade.		
† 34. **Wagnerii,** Rchb. F. . . . . Vénézuela.		

Fig. 12. — Cattleya Trianei.

Fig. 13. — Cattleya Trianei (fleur).

CHYSIS, Lindl. (Vandées).

† 1. **bractescens**, Lindl., *Bot. Reg.*, 1840. Tiges pendantes, charnues, fusiformes, épaisses d'environ 25 millimètres dans leur portion la plus épaisse, hautes de 3 à 4 décimètres. Feuilles ovales-lancéolées, acuminées, ondulées,

Fig. 15. — Chysis bractescens (fleur).

un peu plissées, concaves dans le bas. Grappe latérale, étalée horizontalement, plus courte que les feuilles ; remarquable par de grandes bractées foliacées, réticulées, concaves, obtuses, dépassant les ovaires, comprenant plusieurs fleurs grandes et belles, blanches, d'une apparence céracée et comme transparentes, à moitié ouvertes, avec le labelle jaune à sa base. Mexique.

CŒLOGYNE, Lindl. (Epidendrées).

† 1. **cristata,** Lindl., *Coll. bot.* Très-belle plante, à pseudobulbes finalement anguleux, partant d'un rhizôme épais et écailleux. Feuilles linéaires-lancéolées, aiguës. Fleurs

5

grandes et belles, mesurant jusqu'à 8 ou 9 centimètres de largeur, bien ouvertes, d'un blanc pur, avec du jaune d'or vers la base du labelle, agréablement odorantes et disposées en une grappe radicale, nutante, flexueuse, dont la base est embrassée par des écailles cornées. Népaul.

2. **cumingii**, Lindl., *Bot. Reg.*, 1840. Plante de petites proportions. Pseudo-bulbes ovoïdes, presque tétragones, diphylles. Feuilles lancéolées, acuminées et rétrécies en pointe à la base, marquées de cinq nervures, dépassant l'inflorescence. Hampe dressée, nue à sa base, revêtue plus haut de bractées convolutées, et portant une grappe de quelques fleurs très-belles, parfaitement blanches, avec le labelle presque entièrement peint et coloré de jaune d'or pur. Indes orientales; Singapore.

* 3. **elata**, Lindl., *Gen. and. spec.*, p. 40. Pseudo-bulbes oblongs, anguleux, portés sur un rhizôme épais et écailleux. Feuilles oblongues, rétrécies inférieurement en un long pétiole, coriaces, longues au total de plus de 3 décimètres. Hampe naissant du sommet d'un pseudo-bulbe, plus courte que les feuilles, embrassée au sommet par des écailles coriaces, engaînantes et distiques, terminée par une grappe de fleurs blanches, colorées seulement en jaune près du sommet du labelle. Népaul.

Autres espèces remarquables :

	PATRIE.	OBSERVATIONS.
4. **C. asperata**, Lindl.	Bornéo.	4. Fleurs en grappes retombantes, d'un beau jaune de crème, avec le labelle blanc.
5. **fimbriata**, Lindl.	Chine.	
6. **fuscescens**, Lodd.	Indes orient.	
7. **fuliginosa**, Lod.	Indes orient.	8. Fleurs en grappes serrées, blanc pur et sans taches, lavées de jaune à l'extrémité du labelle.
8. **Gardneriana**, Ldl.	Nepaul.	
9. **ocellata**, Lindl.	Boutan.	

PATRIE.	OBSERVATIONS.
10. **C. ochracea,** Lindl. Indes orient.	11. Fleurs très-grandes, en grappes pendantes, avec le labelle taché de noir.
11. **pandurata,** Lindl. Bornéo.	
*12. **speciosa,** Lindl. . Java.	

Fig. 16. — Cycnoches Pescatorei.

CYCNOCHES, Lindl. (Catasétées).

1. **chlorochilum,** *Sert., Orch.,* 16. Fleurs très-grandes,

d'un beau vert jaunâtre, avec le labelle jaune pâle, ayant une forte macule vert émeraude à la base de la colonne. La Guayra.

Autres espèces encore cultivées :

	PATRIE.	OBSERVATIONS.
2. **C. Egertonianum**, B. M.		3. Fleurs blanches avec une macule jaune brillant sur le labelle.
3. **Cumingii**, R. Br.. . Singapore.		
4. **Loddigesii**, Bat. . . Surinam.		6. Fleurs jaune pâle avec le labelle bordé de blanc.
5. **Pescatorei**, Lindl. . Mérida.		
6. **ventricosum**, Bat. . Guatemala.		

CORYANTHES, Hook. (Vandées).

1. **Fieldingii**, Lindl., *Journal of the hort. Soc.*, III, p. 15. Fleur la plus grande du genre. Encore fermée elle a environ 12 centimètres de longueur et 8 de largeur. Elle est d'un jaune brunâtre pâle, un peu bigarré de couleur cannelle, disposée irrégulièrement.

2. **maculata**, Hook., *Bot. Mag.*, tab. 3102. Pseudo-bulbes minces, peu profondément mais uniformément cannelés, longs de 13 centimètres. Hampe longue de 65 centimètres, flexueuse, portant 4-6 fleurs, analogues de configuration au *C. speciosa*. Guyane. Variétés.

3. **macrantha**, Hook., *Bot. Mag.*, tab. 3102. Pseudo-bulbes petits, un peu comprimés, profondément cannelés, longs de 8 centimètres, monophylles. Feuille dressée, plissée. Fleurs très-grandes et très-belles, d'un beau jaune d'or, mouchetées de rouge, avec le capuchon du labelle coloré en brun orangé brillant. Caracas.

4. **speciosa**, Hook., *Bot. Mag.*, tab. 3102. Pseudo-bulbes allongés, atténués supérieurement, profondément cannelés,

longs de 13-14 centimètres, diphylles. Feuilles lancéolées-
étroites, longues. Hampe portant 2-5 fleurs grandes et belles,
colorées dans leur ensemble en jaune sans tache. Brésil.
Variété *vitellina*, Morren., à fleurs d'un jaune plus foncé.

Cymbidium, Swartz (Vandées).

* 1. **aloifolium**, Sw. Lindl., *Gen. and spec.*, p. 165.
Feuilles ensiformes, coriaces, obliquement obtuses au sommet, allongées. Hampe retombante au sommet, chargée de
nombreuses fleurs grandes et belles, colorées en jaune,
avec des raies rouges. Indes orientales.

* 2. **giganteum**, Wall., *Cat.* Feuilles ensiformes-striées,
aiguës, allongées. Hampe atteignant jusqu'à un mètre,
pourvue de gaînes renflées, portant des fleurs nombreuses
à moitié ouvertes, larges de 9 centimètres, brun rougeâtre
bordé de jaunâtre, veiné et taché de pourpre brunâtre. Népaul.

3. **pendulum**, Swartz; Lindl., *Gen. and spec.*, p. 165.
Feuilles ensiformes, obliquement obtuses, coriaces et raides, longues de près d'un mètre, formant une sorte de
touffe distique. Grappes pendantes, formées de nombreuses
fleurs larges d'environ 6 centimètres, colorées en brun jaunâtre, avec le labelle rouge clair et blanc. Indes orientales.

Variété *brevilabre*, Lindl., *Bot. Reg.*, 1844.

On cultive encore les espèces qui suivent :

	PATRIE.	OBSERVATIONS.
4. **C. bicolor**, Lindl.	Java.	4 Grappes pendantes formées de nombreuses fleurs pourpres mélangées de vert pâle.
5. **Devonianum**, Paxt.	Indes orient.	
6. **ensiforme**, Swartz.	Indes orient.	
* 7. **eburneum**, Paxt.	Indes orient.	7. Grandes et belles fleurs, blanc pur et déli-cat.
8. **ventricosum**.	Indes orient.	

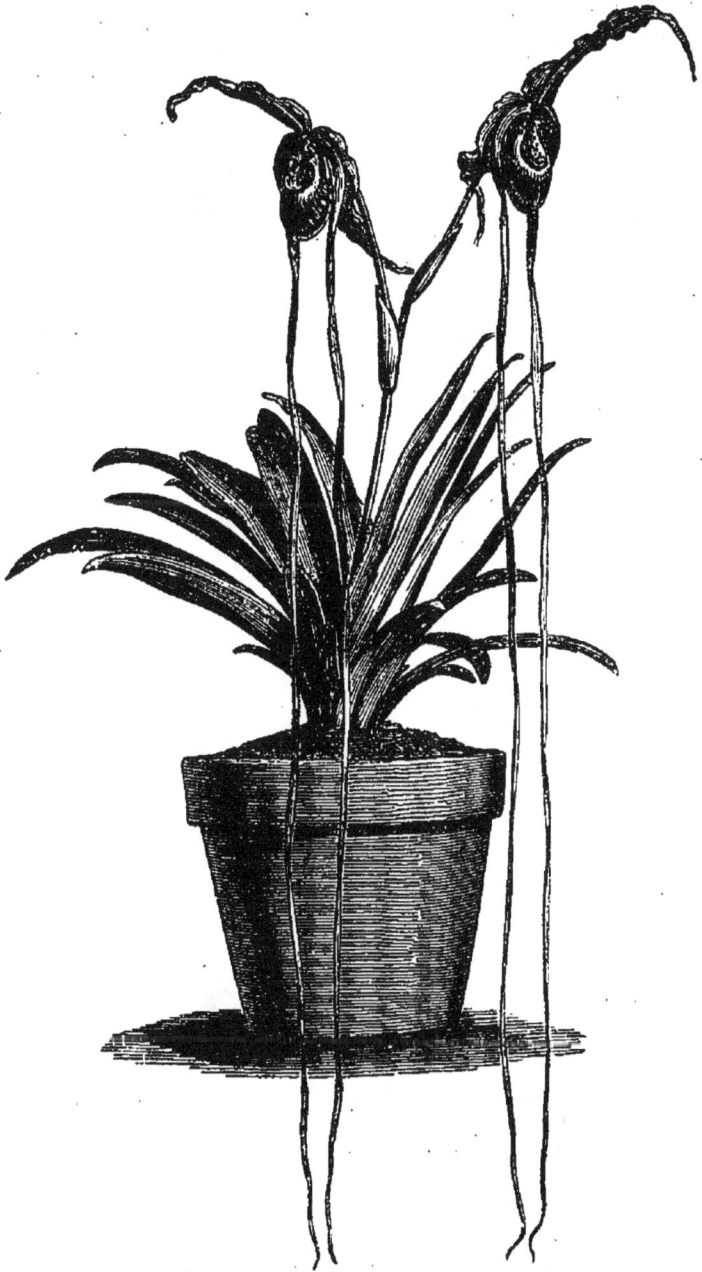

Fig. 17. — Cypripedium caudatum..

Fig. 18. — Cypripedium Fairieanum.

CYPRIPEDIUM, Lin. (Cypripédiées).

* 1. **barbatum,** Lindl., *Bot. Reg.* Tige uni- ou biflore. Feuilles embrassantes, marquées en dessus d'un réseau de

Fig. 19. — Cypripedium Fairieanum (fleur).

lignes noirâtres sur fond vert. Fleurs grandes et belles, purpurines, avec des raies foncées, le sépale supérieur blanc rayé de pourpre et le labelle en sabot pourpre violet. Java.

* 2. **insigne,** Wall. Acaule. Feuilles coriaces, linéaires-li-

Fig. 20. — Cypripedium hirsutissimum (un quart de grandeur naturelle).

5.

gulées, canaliculées à la base. Hampe cotonneuse. Fleurs
d'un vert pâle, avec le sépale supérieur bordé de blanc,

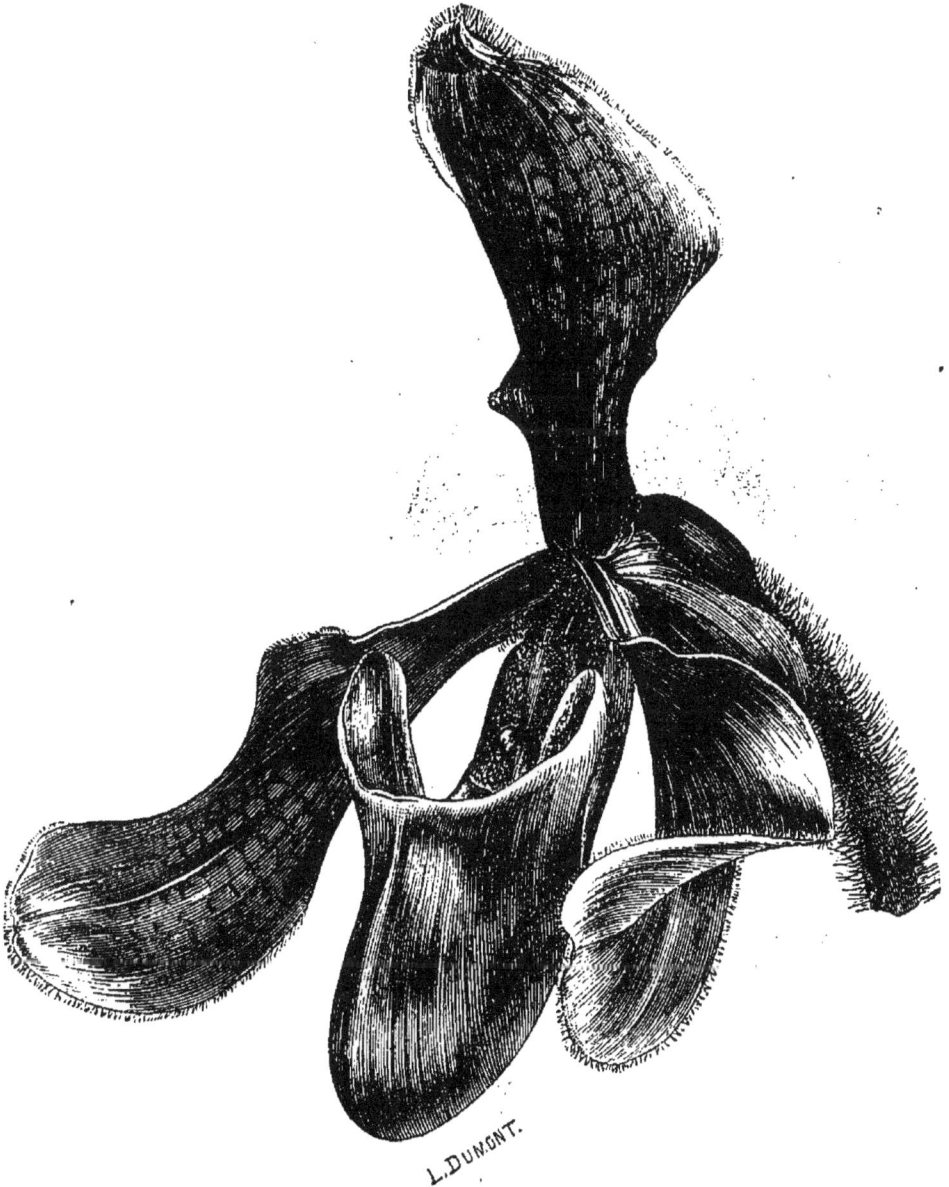

Fig. 21. — Cypripedium hirsutissimum (fleur).

taché de pourpre brunâtre, et le labelle jaune foncé. Indes
orientales.

3. venustum, Wall. Acaule. Feuilles coriaces, ligulées,

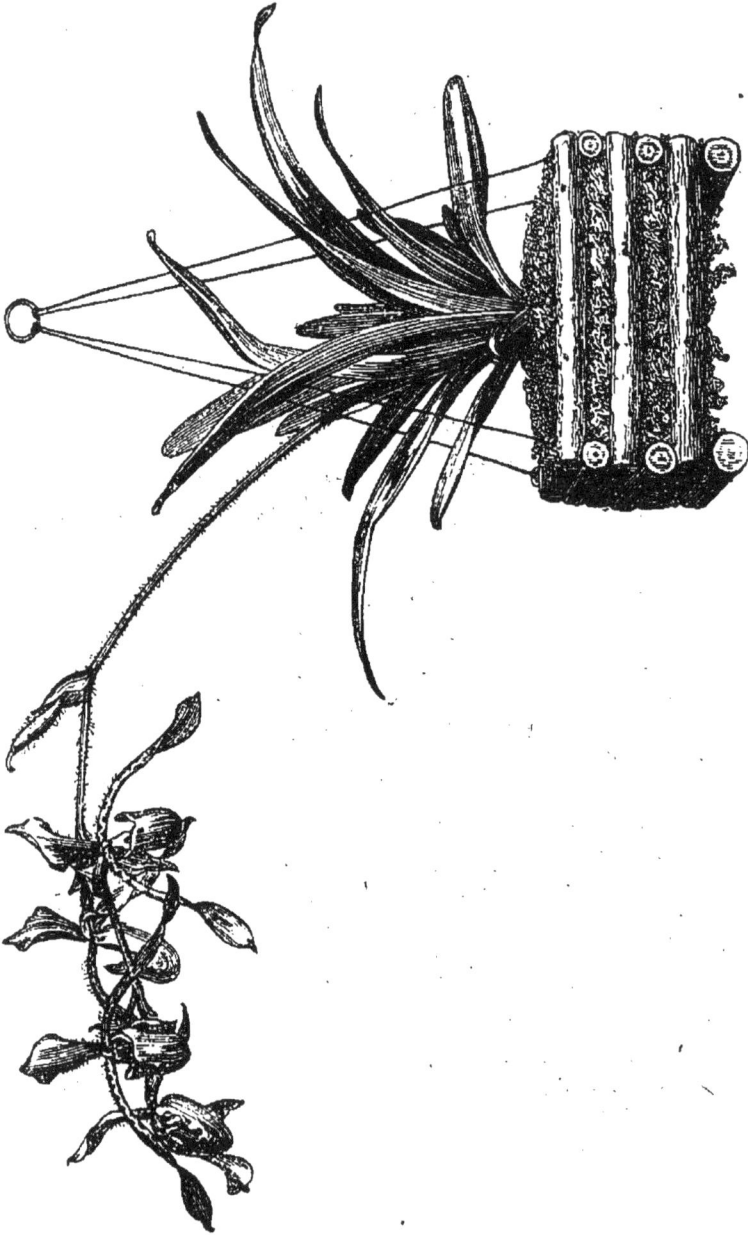

Fig. 21. — Cypripedium Lowï.

canaliculées, tachées et un peu scabres. Hampe pubes-
cente. Fleurs verdâtres, avec le côté interne des pétales

pourpre et le labelle jaunâtre, marqué d'un réseau de vei-

Fig. 23. — Cypripedium purpuratum.

nes vertes. Sépale supérieur ovale, presque arrondi, acu-
miné, l'inférieur lancéolé. Sylhet.

* 4. **villosum,** Lindl. Feuilles épaisses, maculées de taches brunes à leur base. Hampe uniflore. Fleurs grandes. Pétales spathulés, ondulés, ciliés. Le sépale supérieur est verdâtre au sommet, de couleur brune à la base; les autres divisions sont jaune brun et verdâtre. Boutan.

	PATRIE.	OBSERVATIONS.
5. **C. caudatum,** Hartweg	Quito.	5. Feuilles glabres, un peu charnues, réunies à la base de la tige, plus courtes que la hampe florale. Deux à trois fleurs remarquables par leurs prodigieux pétales.
* 6. **Fairieanum,** Ldl	Himalaya.	
* 7. **hirsutissimum,** Hook	Boutan.	
8. **Hookeri,** Rchb. F.	Colombie.	8. Fleur d'un beau rose pourpre violacé verdâtre, à pétales et sépales ondulés.
9. **Javanicum,** Blume.	Java.	
† 10. **C. lævigatum,** Batem	Philippines.	11. Magnifique espèce dont les fleurs, au nombre de deux ou trois, sont portées sur une hampe flexible et longue.
† 11. **Lowii,** Lindl.	Bornéo.	
12. **purpuratum,** Ldl.	Java.	
13. **Stonei,** Hort. Low.	Bornéo.	13. Fleurs ordinairement réunies par deux ou trois, pétales jaunes pendants, maculés de brun, atteignant 15 ou 20 centimètres de longueur.
14. **Veitchii,** Hortul.	Java.	
15. **— superbiens,** Nob.	Java.	

CYRTOPODIUM, R. Br. (Vandées).

1. **Andersonii,** R. Br. Plante très-belle, à pseudo-bulbes fusiformes, de 40 à 60 centimètres de hauteur, comme articulés. Feuilles plissées-lancéolées. Fleurs odorantes, jaune verdâtre, se conservant pendant longtemps. Indes orientales.

2. **punctatum,** Lindl. Très-belle plante portant des fleurs ponctuées de rouge et bordées de pourpre sur les lobes latéraux. Sépales ondulés. Saint-Domingue.

Dendrobium, Sw. (Malaxidées).

† 1 **Dalhousianum**, Wall., ex *Paxt. Magaz.* Tiges pendantes, arrondies, peu épaisses, longues d'au moins 6 décimètres. Feuilles ovales-lancéolées, obtuses, rayées de pourpre. Fleurs très-grandes, mesurant 12 centimètres de largeur, blanches, variées de rose tendre et de beau jaune clair, avec deux taches ovales, d'un beau brun velouté sur le labelle, réunies au nombre de 8-12 en grappes pendantes, qui naissent sur les côtés de la tige défeuillée âgée d'un an. Sépales oblongs, obtus, étalés. Pétales un peu plus larges que les sépales, obovales. Indes orientales.

† * 2. **densiflorum**, Wall., *Cat.* Pseudo-bulbes en massue, pendants, profondément sillonnés, triphylles au sommet. Feuilles oblongues, aiguës, nervées. Grappes latérales plus longues que les feuilles, très-serrées dans les premiers temps, comprenant un grand nombre de jolies fleurs d'un beau jaune clair, avec le labelle d'un bel orangé intense. Népaul.

† * 3 **fimbriatum**, Hook., *Exotic flora*, tab. 71. Tiges pendantes, arrondies, épaisses dans le bas, s'amincissant vers le haut, longues de 3-5 décimètres, flexueuses. Feuilles confinées à l'extrémité des tiges stériles, ovales-lancéolées, striées longitudinalement, embrassantes à la base. Fleurs grandes et très-belles, d'une brillante couleur jaune fauve, réunies au nombre d'environ 6 en grappes pendantes et latérales. Sépales oblongs, ondulés, très-étalés. Pétales plus grands que les sépales, ondulés et ciliés. Népaul.

Variétés *maculatum* et *oculatum*.

† * 4. **formosum**, Roxb., *Fl. ind.*, III, 485. Plante presque sans égale parmi les Orchidées épiphytes de l'Asie.

Fig. 24. — Dendrobium macranthum.

Tiges pendantes, arrondies, velues, longues d'environ 3 décimètres, d'un vert jaunâtre. Feuilles distiques, ovales, obtuses et obliquement échancrées au sommet, d'un vert sombre. Fleurs très-belles et grandes, mesurant 10-11 centi-

Fig. 25. — Dendrobium macranthum (fleur).

mètres de largeur, d'un beau blanc, avec des taches jaune doré sur le labelle, disposées par 4 ou 5 en grappe courte terminale. Nord de l'Inde.

† * 5. **nobile,** Lindl., *Gen. and spec.*, p. 79. Tiges dres-

sées, arrondies et sillonnées, hautes de 4 à 10 décimètres, quelque peu rameuses, épaisses et légèrement monilifor- mes à cause de l'étranglement assez marqué qui existe aux nœuds des vieilles tiges sur des points opposés à ceux où se trouvaient les feuilles, larges de 10 à 12 centimètres, très-belles et odorantes, de couleur rose, avec un mélange de teintes plus intenses. Indes orientales.

† 6. **tauricum,** Lindl., *Bot. Reg.*, 1843. Plante magni- fique, à tige droite, forte, bien feuillée. Feuilles très- larges, oblongues, obliquement échancrées au sommet, qui est obtus. Grappes multiflores, dressées. Fleurs très-belles, larges de 8 centimètres, ayant les sépales d'un rouge vi- neux, les pétales d'un blanc verdâtre, le labelle blanc, lavé de rose pâle. Manille.

* 7. **transparens,** Wall., *Catal.* Plante petite, mais très- belle. Tige dressée, arrondie, haute d'environ 3 décimè- tres. Feuilles ovales-lancéolées, acuminées, obliques au sommet. Fleurs naissant après la chute des feuilles par 2 ou 3, très-abondantes sur la plante, larges de 8 à 9 centimè- tres, rose clair, avec l'extrémité des folioles plus colorée et une tache écarlate au milieu du labelle, remarquables par la transparence de leur tissu. Inde.

8. **undulatum,** R. Br., *Bot. Reg.*, 1841. Tige dressée, fusiforme, haute de plus d'un mètre, revêtue d'écailles à sa base, renflée plus haut, plus haut encore annelée, en- fin feuillée vers son sommet. Feuilles étalées, oblongues, obtuses et échancrées au sommet, distiques, coriaces. Grappe terminale, comprenant 15 ou 16 fleurs d'une jolie couleur orangée, un peu fauve, plus pâle sur les bords des folioles du périanthe. Java.

On cultive encore les espèces suivantes :

	PATRIE.	OBSERVATIONS.
† * 9. **D. aggregatum,** Roxb.	Indes orient.	
† 10. **albo-sangui-neum**	Indes orient.	10. Fleurs très-grandes, jaune pâle, avec le labelle très-large et froncé vers la partie supérieure.
11. **aureum,** Lindl. . .	Ceylan.	
12. **calceolaria,** Hook.	Pégu.	
† * 13. **Cambridgianum,** Paxt. . . .	Indes orient.	
† * 14. **chrysanthum,** Wall.	Indes orient.	15. Fleurs d'un beau jaune d'or à l'intérieur, avec le labelle en capuchon frangé.
* 15. **chrysotoxum,** Lindl.	Indes orient.	
16. **cœrulescens,** Wall.	Indes orient.	20. Fleurs très-belles, blanches, roses et jaunes, à pétales ondulés-sinués, labelle frangé et poilu.
17. **Dayanum,** Lindl. .	Indes orient.	
† * 18. **Devonianum,** Lindl.	Indes orient.	
* 19. **Falconerii,** Hook.	Indes orient.	23. Fleurs jaune orangé, labelle taché de rouge; exhalant une odeur musquée.
† * 20. **Farmerii,** Paxt.	Indes orient.	
† * 21. **Gibsonii,** Paxt.	Indes orient.	
* 22. **Griffithii,** Lindl.	Indes orient.	
* 23. **Jenkinsii,** Lind.	Indes orient.	25. Fleurs odorantes blanches, se colorant ensuite en jaune soufre pâle.
† 24. **macrophyllum,** Lindl.	Philippines.	
* 25. **moniliforme,** Swartz.	Indes orient.	28. Fleurs rose clair avec le labelle indivis, jaune rougeâtre à la base.
† * 26 **moschatum,** Wall.	Pégu.	
† * 27. **Paxtonii,** Lindl.	Indes orient.	
† 28. **Pierardi,** Roxb.	Indes orient.	29. Fleurs blanches, en grappes dressées, peu ouvertes.
* 29. **speciosum,** Sims.	Nlle-Grenade.	
* 30. **sulcatum,** Lindl.	Indes orient.	
* 31. **Veitchianum** . .	Indes orient.	
* 32. **virgatum**	Indes orient.	

DISA, Berg. (Ophrydées).

† * **grandiflora**, Lin., f.; *Suppl.*, p. 406. Tige feuillée, uni- ou biflore. Feuilles lancéolées-aiguës, embrassant la tige. Fleurs très-belles, larges de 10 ou 11 centimètres, d'une brillante couleur rose vif à l'intérieur, jaunâtres et lavées de rouge à l'extérieur, avec le labelle d'un rose foncé, tiqueté de noir à l'intérieur, avec la colonne blanche. Montagne de la Table (Cap).

EPIDENDRUM, Lin. (Epidendrées).

† * 1. **macrochilum**, Hook., *Bot. Mag.*, tab. 3534. Pseudo-bulbes gros, ovales, rugueux, diphylles. Feuilles oblongues, coriaces, dépassées par l'inflorescence. Hampe dressée, rameuse, formant une grappe de fleurs magnifiques, les plus grandes de tout le genre, colorées en vert avec le labelle blanc dans une variété, en rouge pourpre avec le labelle d'un rose vif dans une autre variété. Guatemala.

† * 2. **Phœniceum**, Lindl., *Bot. Reg.*, 1841. Très-belle espèce, à pseudo-bulbes gros, presque globuleux, à peine ovales, plissés vers le haut, verts et luisants, diphylles. Feuilles oblongues-étroites, dressées, un peu tordues, longues de 3 décimètres ou davantage. Hampe dépassant de beaucoup les feuilles et s'élevant jusqu'à un mètre, paniculée, retombante, recouverte de petites aspérités qui la rendent rude au toucher, portant un grand nombre de fleurs inodores, magnifiques, d'un vert clair à l'extérieur, mais colorées intérieurement en pourpre intense, parsemées de points verts, avec le labelle d'un beau violet clair varié de lignes et de taches rose foncé. Colombie.

* 3. **Stamfordianum**, Batem., *Orchid. of Mex. and Guatem.* Tiges épaisses, en pseudo-bulbes fusiformes, longs de 3-5 décimètres, portant généralement 3 et plus rarement 2 ou 4 feuilles oblongues, obtuses, rétrécies inférieurement, coriaces. Grappe paniculée radicale, beaucoup plus longue que les tiges feuillées, penchée à son extrémité, formée d'un grand nombre de fleurs délicieusement odorantes, colorées en jaune verdâtre pâle, avec une tache d'un violet vif à la base du labelle et variées de lignes rouges larges de 3 centimètres. Guatemala.

† * **vitellinum**, Lindl., *Gen. and spec.*, p. 97. Magnifique espèce, à pseudo-bulbes ovales, acuminés, couverts de gaînes d'un vert brunâtre, diphylles. Feuilles oblongues, ligulées, aiguës, engaînantes à leur base, dépassées par l'inflorescence. Grappes dressées, comprenant de nombreuses et belles fleurs colorées en orangé brillant, avec le labelle et la colonne jaune d'or clair. Mexique. Variété *majus,* très-remarquable.

Autres espèces cultivées :

	PATRIE.	OBSERVATIONS.
5. E. **aromaticum**, Batem.	Guatemala.	8. Les fleurs exhalent une odeur délicieuse rappelant un peu celle de l'Héliotrope.
* 6. **atropurpureum roseum**	Mexique.	
* 7. **aurantiacum**, Batem.	Mexique.	9. Fleurs odorantes, nombreuses, portées sur une grande panicule rameuse.
8. **auritum**, Lindl.	Mexique.	
* 9. **aromaticum**, Bat.	Vénézuela.	12. Grappe dressée, formée d'un grand nombre de belles fleurs rouge minium vif en dedans et rosées en dehors.
10. **bifidum**, Aubl.	Saint-Thomas.	
11. **ciliare**, Lindl.	Amériq. trop.	
12. **cinnabarinum**, Salz.	Vénézuela.	

	PATRIE.	OBSERVATIONS.
13. **E. Hanburyi,** Lindl.	Mexique.	
14. **nemorale,** Lindl. .	Mexique.	14. Fleurs en grappes nutantes, grandes et belles, colorées en beau rose vif.
15. **plicatum,** Lindl. .	Cuba.	
* 16. **prismatocar-** **pum,** Rchb., F. .	Chiriqui.	18. Fleurs nombreuses, très - odorantes, colorées en joli bleu clair rougeâtre.
17. **Schomburgkii,** Lindl	Pérou.	
18. **varicosum,** Batem.	Mexique.	

GONGORA, R. et P. (Vandées).

1. **atropurpurea,** Hook., *Exotic fl.,* tab. 178. Pseudo-bulbes ovales, cannelés, diphylles. Feuilles grandes, ovales-lancéolées, aiguës, ondulées, striées. Hampe basilaire, haute de 65 centimètres, colorée en pourpre foncé, portant une longue grappe de fleurs colorées en pourpre brun. Demerara.

2. **truncata,** Lindl., *Bot. Reg.,* 1843. Les fleurs de cette espèce sont remarquables dans le genre par leur teinte claire; elles sont d'un blanc de crème, mouchetées et pointillées de rouge brunâtre, avec le labelle d'un beau jaune, blanc à la base et au sommet. Mexique.

	PATRIE.	OBSERVATION.
3. **G. aureo - purpu-** **rea,** Lind	Nlle-Grenade.	3. Espèce remarquable nouvellement introduite par M. Linden.
4. **macrantha,** Lindl. .	Colombie.	

GOODYERA, Rob. Br. (Néottiées).

1. **colorata,** Bl., *Coll. des Orch. de l'archipel Indien et*

habile est incapable d'en reproduire la richesse des nuances. Java. Sumatra.

2. **japonica**, Bl., *Coll. des Orch.*, etc. Le dessus des feuilles est réticulé de blanc, ce qui leur donne une certaine élégance. La tige est tantôt développée, tantôt peu apparente. Japon.

3. **reticulata**, Bl., *Coll. des Orch.* Le dessus des feuilles est réticulé comme chez les *Physurus*. Java.

	PATRIE.	OBSERVATIONS.
4. G. **Maurevertii**, Bl.	Java.	
5. **parviflora**, Bl.	Java.	7. Feuilles radicales ovales, d'un vert plus clair, garnies d'un réseau de nervures blanches.
6. **procera**, Hook.	Java.	
* 7. **pubescens**, R. Br.	Amériq. sept.	
8 **pusilla**, Bl.	Inde.	8. Le dessus des feuilles est réticulé comme chez les Anectochiles.
* 9. **similis**, Bl.	Japon.	
10. **viridiflora**, Bl.	Java.	

GRAMMATOPHYLLUM, Bl. (Vandées).

† 1. **speciosum**, Blume, *Bijdr.*, p. 377. Tige dressée. Feuilles distiques, ensiformes, sans nervures apparentes. Hampe dressée, portant une grappe de belles fleurs coriaces, larges de 13 centimètres, jaunes, avec des taches et de larges bandes transversales brunes. Archipel Indien.
On cultive encore le G. *multiflorum*, Ldl. Philippines.

HOULLETIA, Brongt. (Vandées).

1. **Brocklehurstiana**, Lindl., *Sert., Orch.*, tab. 41. Pseudo-bulbes un peu petits pour la plante, ovales, profondément cannelés. Feuilles longuement pétiolées. Hampe haute de 65 centimètres et au-delà, portant une grappe de 6 à 8 grandes et belles fleurs fauves, tachées partout, avec

le labelle jaune taché de pourpre sombre, quelquefois ayant le lobe terminal presque entièrement pourpre. Brésil.

LEPTOTES, Lindl. (Epidendrées).

1. **bicolor,** Lindl., *Bot. Reg.*, tab. 1625. Tige longue seulement de 3 centimètres, cylindrique, raide, recouverte d'écailles membraneuses, acuminées, engaînantes, monophylles. Feuilles cylindracées, canaliculées en dessus, d'un vert sombre. Fleurs en grappe triflore, d'un blanc pur, avec le labelle rouge de sang sur son milieu, bordé de blanc, avec la colonne verte, à extrémité rouge. Brésil.

LIMATODES (Vandées).

1. **rosea,** Lindl. Belle plante, fleurissant facilement. La hampe prend naissance sur les vieux pseudo-bulbes lorsqu'ils sont dépourvus de leurs feuilles, et porte ordinairement 14 à 16 grandes fleurs rose pâle. Moulmein.

LÆLIA, Lindl. (Epidendrées).

†1. **ancéps,** Lindl., *Bot. Reg.,* tab. 1751. Pseudo-bulbes ovales, à 4 angles longitudinaux, espacés, longs de 5 centimètres, mono-, plus rarement diphylles. Feuilles lancéolées-acuminées, coriaces, longues d'environ 10 centimètres. Hampe terminale grêle, ancipitée, revêtue d'écailles carénées, étroitement engaînantes, longue de 5 décimètres, terminée par deux fleurs larges de 10 ou 11 centimètres, d'un beau violet pourpre, avec le labelle violet pâle, dont la base est jaune veiné de rouge et le lobe moyen pourpre foncé. Mexique.

†2. **cinnabarina,** Batem., *Sert., Orchid.,* tab. 28. Pseudo-bulbes assez épais dans le bas, rétrécis plus haut en col allongé, longs de 16 centimètres, diphylles. Feuilles naissant

l'une plus haut que l'autre, oblongues, aiguës, un peu recourbées, ondulées, nervées, longues d'environ 20 centimètres. Hampe ascendante, grêle, beaucoup plus longue
que les feuilles, 4-5-flore. Fleurs très-jolies, d'un orangé
vif, larges de 6 ou 7 centimètres. Brésil.

† * 3. **maïalis**, Lindl., *Bot. Reg.*, 1839. Pseudo-bulbes
ovales-comprimés, profondément cannelés, longs de 6 centimètres, monophylles. Feuilles lancéolées, aiguës, très-
épaisses, égales en longueur à la hampe, qui est biflore.
Fleurs très-belles et très-grandes, mesurant 16 centimètres d'une extrémité à l'autre des pétales, colorées en très-
beau rouge violacé, avec le labelle blanc, plus ou moins
lavé de rose sur les lobes latéraux et sur son lobe médian,
que borde une bande d'un beau rouge pourpre.

† 4. **purpurata**, Lindl., *Flow.*, *Gard.*, III, tab. 96.
Pseudo-bulbes oblongs, monophylles. Feuille étroite-
oblongue, obtuse, de largeur uniforme dans toute sa longueur, qui est d'environ 22 centimètres; à son aisselle se
trouve une spathe comprimée, d'un vert pâle, longue de
8 centimètres, de laquelle sort une hampe dressée, biflore.
Fleurs très-belles, larges de plus de 16 centimètres, d'un
blanc pur, avec le labelle jaune dans son milieu, vers sa
base, où il est rayé de pourpre, coloré sur son limbe du
plus beau pourpre, qui va en s'affaiblissant vers le bord.
Sépales linéaires lancéolés. Brésil.

Les espèces suivantes sont aussi très-remarquables :

	PATRIE.
†*5. **L. acuminata**, Ldl.	Guatemala.
† *6. **autumnalis**, Ldl.	Mexique.
† * 7. **albida**, Batem .	Mexique.
† * 8. **furfuracea**, Ldl.	Mexique.

	PATRIE.	OBSERVATIONS.
† ˙ 9. **L. grandiflora,** Ldl. . . . . Mexique.		9. Fleurs purpurines, à labelle pourpre violacé, solitaires, et très-grandes.
† 10. **peduncularis,** Lindl. . . . . Guatemala.		12. Grappe portant huit à dix fleurs blanchâtres lavées de rouge, avec le labelle jaune clair et pourpre.
† ˙ 11. **præstans,** Rchb, F. . . . . . Ste-Catherine.		
†. 12. **rubescens,** Ldl. Mexique.		
† ˙ 13. **superbiens,** Lindl. . . . . . . Brésil.		13 Fleurs globuleuses très-grandes, pourpres, avec le labelle jaune et légèrement bordé de pourpre.
† 14. **Schilleriana**. . . Brésil.		
† 15. **Stelzneriana,** Rchb. F. . . . . . Brésil.		16. Espèce remarquable, nouvellement introduite par M. Linden.
† 16. **Wallisii,** Linden. Rio-Negro.		

LYCASTE, Lindl. (Vandées).

† ˙ 1. **Skinneri,** Lindl., *Bot. Reg.*, 1843. Pseudo-bulbes arrondis, ovales, triphylles. Feuilles lancéolées, aiguës, plissées. Hampe ascendante, portant une magnifique fleur large de 15 à 16 centimètres, dont les sépales sont d'un blanc pur légèrement lavé de rouge dans le bas, et les pétales plus nettement rosés; le labelle est presque tout couvert de taches et de lignes du plus beau rouge. Guatemala.

Autres espèces remarquables :

	PATRIE.	OBSERVATIONS.
˙ 2. **L. aromatica,** Ldl. Mexique.		2. Fleurs solitaires, odorantes, d'un beau jaune orangé ; le labelle est tacheté de points foncés.
† ˙ 3. **cruenta,** Lindl. . Guatemala.		
˙ 4. **gigantea,** Lindl.. . Guyaquil.		5. Fleurs grandes, larges, tachetées et mouchetées de bistre, avec le labelle blanchâtre, jaune et violet.
5. **macrophylla,** Ldl. Pérou.		
6. **tetragona,** Lindl. . Brésil		

6

MASDEVILLEA, R. et P. (Vandées).

	PATRIE.	OBSERVATION.
1. **M. Rio-granden-sis**, Lindl.	Rio-Purus.	1-2. Espèces nouvellement introduites par M. Linden.
2. **venusta**, Lindl.	Rio-Negro.	

MAXILLARIA, R. et P. (Vandées).

† * 1. **leptosepala**, Hook., *Bot. Mag.*, t. 4434. Pseudo-bulbes ovales-arrondis, comprimés-ancipités, monophylles. Feuille obtuse, largement lancéolée, coriace, rétrécie dans le bas. Hampe trois fois plus courte que la feuille, portant une seule fleur large d'environ 10 centimètres, colorée en blanc jaunâtre, avec le labelle blanc, élégamment veiné de pourpre sur ses lobes latéraux, jaune et velu sur son disque. Nouvelle-Grenade.

* 2. **tenuifolia**, Lindl., *Bot. Reg.*, t. 1986. Pseudo-bulbes ovales-oblongs, comprimés, monophylles. Feuilles linéaires-lancéolées, aiguës, recourbées, pédonculées, axillaires, solitaires, portant chacune une fleur large de 3 centimètres, odorante, d'un beau rouge pourpre qui passe au jaune, avec le labelle jaune vif, semé de grandes taches d'un beau rouge. Mexique.

3. **vitellina**, Lindl., *Bot. Reg.*, 1838. Pseudo-bulbes ovales, relevés d'angles obtus, monophylles. Feuilles lancéolées, rétrécies vers la base en pétiole canaliculé. Grappe radicale, penchée, de même longueur que les feuilles, formée de plusieurs jolies fleurs larges de 3 centimètres, colorées en jaune d'œuf uniforme, avec une tache d'un pourpre noir sur le labelle, sous l'échancrure. Brésil.

Autres espèces remarquables :

	PATRIE.	OBSERVATION.

* 4. **M. luteo-alba,**
Hort. . . . . Brésil.

5. **picta,** Hook . . . . . Brésil.

6. **racemosa,** Hook. . . Brésil.

7. **stapelioides,** Lindl. Brésil.

* 8. **venusta,** Lindl. . . N^lle-Grenade.

8. Fleurs blanches ; labelle marginé de beau rouge et de carmin.

MILTONIA, Lindl. (Vandées).

† 1. **candida,** Lindl., *Bot. Reg.,* 1838. Pseudo-bulbes ovales, rétrécis à l'extrémité, diphylles. Feuilles étroites, beaucoup plus courtes que l'inflorescence. Grappe dressée, formée de nombreuses fleurs larges de plus de 10 centimètres, jaune d'or, semées d'un grand nombre de taches et de bandes d'un beau fauve, avec le labelle d'un beau blanc, largement teint de rouge lilas au centre et vers la base. Brésil.

† 2. **Clowesii,** Lindl., *Sert. Orchid.,* tab. 34. Pseudobulbes ovales-oblongs, revêtus de gaines vertes, diphylles. Feuilles ensiformes, étroites, dressées, dépassant l'inflorescence. Grappe lâche, formée de 5-7 grandes et belles fleurs larges de 10-11 centimètres, d'un jaune intense, tachées de chocolat, avec le labelle blanc à l'extrémité, violet à la base. Brésil.

† 3. **spectabilis,** Lindl., *Fol. Orchid.,* part. V, n° 1. Pseudo-bulbes ovales, à deux angles, lisses, longs de 8 centimètres, diphylles. Feuilles ligulées, très-étalées, d'un vert terne. Pédoncules uniflores, recouverts de grandes écailles brunâtres, carénées, striées, imbriquées. Fleur très-belle, large de 11 centimètres. Brésil.

	PATRIE.	OBSERVATIONS.
4. **M. bicolor**, Lodd.	. Brésil.	6. Fleurs larges de 10-11 centimètres, colorées en beau brun terminé par du vert, avec le labelle blanc lavé de rouge.
5. **cereola**, Lindl.	. . . . Ste-Catherine.	
6. **cuneata**, Lindl.	. . . . Brésil.	
-7. **flavescens**, Lindl.	. Brésil.	
8. **Moreliana**, Broug.	. Brésil.	8. Fleurs très-jolies, colorées en pourpre, avec le labelle violet.
9. **Russelliana**, Lindl.	Brésil.	

MORMODES, Lindl. (Vandées).

1. **lineatum**, Batem., in *Bot. Reg.*, 1841. Pseudo-bulbes oblongs. Feuilles oblongues-lancéolées, acuminées, à 3 nervures saillantes. Grappe dressée, formée de plusieurs jolies fleurs délicieusement odorantes, colorées en jaune orangé, avec le labelle jaune ponctué de blanc. Guatemala.

2. **pardinum**, Bat., *Orchid. of Mex.*, t. 14. Pseudo-bulbes turbinés. Feuilles allongées-lancéolées. Grappe allongée, nutante, plus courte que les feuilles, formée de nombreuses fleurs délicieusement odorantes, qui, sur un fond d'un beau jaune, sont mouchetées partout de jaune pourpre. Mexique.

On cultive encore les espèces suivantes :

	PATRIE.	OBSERVATION.
3. **M. aromaticum**, Lindl.	. . . . Mexique.	3. Fleurs odorantes, rappelant un peu l'odeur du vinaigre aromatique.
4. **speciosum**, Lindl.	. N^{lle}-Grenade.	

ONCIDIUM, Swartz. (Vandées).

† * 1. **Barkerii**, Lindl., *Sert. Orchid.*, tab. 48, n° 66. Pseudo-bulbes ovales, comprimés, un peu anguleux, diphylles. Feuilles dressées, étroites, membraneuses, manifestement articulées sur leur pétiole engainant. Grappe

penchée, simple, comprenant 5-6 fleurs grandes et belles, remarquables par les divisions de leur labelle, jaunes, tigrées d'un beau brun, avec le labelle jaune soufre. Mexique.

† ˙ 2. **crispum**, Lodd., *Bot. Cab.*, tab. 1854. Pseudobulbes oblongs, cannelés, rugueux, diphylles. Feuilles lancéolées, aiguës, tachées de rouge à la base. Hampe simple, ascendante, portant de nombreuses fleurs très-belles, larges de 8 ou 9 centimètres, colorées en bel orangé, avec le labelle d'un jaune pâle marqué de quelques taches bistre. Brésil.

† 3. **flabelliferum**, Pinel, *Msc. ex Paxt. Mag.* Pseudobulbes longs de 5 centimètres ou davantage, mono-triphylles. Feuilles dressées, lancéolées. Hampe haute de 3-5 décimètres, portant de nombreuses fleurs grandes et très-belles, à fond jaune, couvertes en majeure partie d'un beau brun qui est interrompu en raies transversales dans le bas des folioles, avec le labelle d'un beau jaune, présentant près du bord une bande de taches confluentes brun rouge. Brésil.

† 4. **Forbesii**. Hook., *Bot. Mag.*, tab. 3705. Pseudo-bulbes ovales, sillonnés, monophylles. Feuille lancéolée, coriace. Hampe paniculée portant nombre de grandes et belles fleurs, de couleur chocolat, bordées de jaune. C'est une des plus belles espèces du genre. Brésil.

† 5. **Lanceanum**, Lindl., *Hort. trans.*, II; *Sert.*, p. 100, t. VII. Pseudo-bulbes très-petits. Feuilles oblongues, aiguës, planes, charnues, ponctuées sur toute leur face inférieure de rouge sang. Hampe dressée, raide, formant une grappe composée de petites grappes serrées, et comprenant plusieurs fleurs grandes et d'une rare beauté, très-

6.

odorantes, d'un vert jaunâtre, marbrées de rouge, avec le labelle d'un beau violet dans sa moitié inférieure. Guyane.

* 6. **incurvum,** Barker, in *Bot. Reg.*, 1840. Pseudo-bulbes ovales, ancipités, relevés de trois côtes sur chaque face, diphylles. Feuilles ensiformes, aiguës. Hampe allongée, terminée par une grappe paniculée de fleurs très-jolies, roses, rayées de blanc. Mexique.

† 7. **maculosum,** Lindl., *Sert. Orchid.*, t. 48, nº 36. Pseudo-bulbes ovales, comprimés. Feuilles lancéolées, aiguës. Hampe dressée, tachetée, paniculée dans sa partie supérieure, portant de très-jolies fleurs ponctuées et rayées de rouge clair sur fond jaune. Brésil.

* 8. **ornithorhynchum,** H. B. K. Pseudo-bulbes oblongs, longs de 4 centimètres. Feuilles lancéolées, aiguës, à peine coriaces. Hampe paniculée, portant plusieurs jolies fleurs d'un rose lilas très-beau. Mexique.

† 9. **papilio,** Lindl., *Flor. des serr.*, IX, p. 165. Pseudo-bulbes presque ronds, comprimés, rugueux, monophylles. Feuilles oblongues, obtuses, tachées et comme marbrées de rouge en dessous. Hampe persistante, faible, ancipitée, articulée, portant une seule fleur large de 14 ou 15 centimètres, qui ressemble à un papillon. Trinité.
Variété *majus.*

†* 10. **pulvinatum,** Lindl., *Bot. Reg.*, 1838. Belle plante, dont la panicule très-rameuse et divariquée s'élève jusqu'à 3 mètres, et porte un grand nombre de fleurs jaunes mouchetées de brun. Brésil.

11. **sarcoïdes,** Lindl. L'une des plus belles espèces du genre, à panicules de 40 ou 50 centimètres de longueur, garnies de fleurs ressemblant un peu à celles de l'*Odontoglossum grande*, mais de moitié plus grandes. Brésil.

† * 12. **tigrinum**, La Llave; Lindl., *Gen. and spec.*, p. 203. Pseudo-bulbes longs de 9 centimètres et plus, 2-3-phylles. Feuilles lancéolées. Hampe cylindrique, souvent très-haute, portant plusieurs fleurs grandes et très-belles, jaunes et tigrées de rouge marron sur toute leur surface, avec le labelle très-grand et sans tache, exhalant une délicieuse odeur de violette. Mexique.

On cultive encore les espèces suivantes :

	PATRIE.	OBSERVATIONS.
13. **ampliatum**, Lind.	Panama.	
14. **auratum**, Rchb. F.	Mexique.	13. Fleurs grandes et belles, jaunes, apparaissant sur une hampe droite et rameuse au sommet.
15. **barbatum**, Lindl.	Brésil.	
16. **bicallosum**, Lindl.	Guatemala.	
17. **cebolleta**, Swartz.	Carthagène.	
18. **ciliatum**, Lindl.	Brésil.	19. Panicule s'élevant jusqu'à 6 mètres, portant un grand nombre de fleurs charmantes, larges de 5 centimètres.
19. **corynephorum**, Lindl.	Pérou.	
20. **flabelliferum**, Pinel.	Brésil.	20. Hampe haute de 40 à 50 centimètres, portant un grand nombre de fleurs grandes et belles à fond jaune taché de brun.
21. **funerum**, La Llave.	Mexique.	
22. **flexuosum**, Lindl.	Brésil.	
23. **holochrysum**, Rchb. F.	Pérou.	24. Hampe dressée, portant une grappe de quatre à six fleurs magnifiques très-larges, d'un bel orangé, tachées de brun.
† 24. **Insleayi**, Bark.	Mexique.	
'25. **leucochilum**, Bat.	Mexique.	
26. **longifolium**, Lind.	Mexique.	28. Fleurs larges de 9 centimètres, brun pourpre et jaune.
27. **lunatum**, Lindl.	Guatemala.	
28. **macranthum**, Ldl.	Brésil.	
'29. **maculatum**, Ldl.	Mexique.	30. Grandes et belles fleurs, orangé brunâtre taché de jaune.
30. **pectorale**, Lindl.	Brésil.	
† 31. **phymatochilum**, Hort.	Brésil.	

	PATRIE.	OBSERVATIONS.
† 32. **O. Rigbyanum,** Paxton.		35. Fleurs jolies, de grandeur moyenne, tachées et rayées de rouge, avec le labelle blanc.
33. **serratum,** Lindl. . Equador.		
34. **sphacelatum,** Ldl. Mexique.		36. Charmantes petites fleurs jaune pâle tâchées de brun.
;† 35. **tricolor,** Hook. . Jamaïque.		
36. **unicorne,** Lindl. . Brésil.		

ODONTOGLOSSUM, Kunth.

† * 1. **Cervantesii,** La Llave. Pseudo-bulbes ovales, anguleux, monophyl'es. Feuille oblongue, rétrécie intérieu‑ rement en pétiole. Hampe portant un petit nombre de fleurs grandes et belles, très-parfumées, marquées, sur un fond de teinte différente selon la variété, de bandes concen‑ triques rouges, interrompues à la base des sépales et des pétales. Mexique.

Variétés *carneum* et *membranaceum,* Lindl. (*Odonto‑ glossum membranaceum,* Lindl.; Morren., *Ann. de Gand*).

† * 2. **citrosmum,** Lindl., *Bot. Reg.,* 1842. Pseudo-bulbes comprimés, unis, presque arrondis, diphylles. Feuilles oblongues, ligulées, obtuses, un peu plus courtes que l'in‑ florescence. Hampe droite et ensuite plus ou moins pen‑ chée, terminée par une grappe de très-grandes et très‑ belles fleurs, à odeur de citron, d'un blanc pur mélangé de rouge, avec le labelle jaune orangé à la base, violet dans le reste de son étendue. Mexique.

† * 3. **cordatum,** Lindl., *Fol. Orchid.,* part. I, n° 12. Pseudo-bulbes oblongs, comprimés, diphylles. Feuilles larges, oblongues, planes, aiguës, plus courtes que l'inflo‑ rescence. Hampe recouverte d'écailles engaînantes, caré‑ nées, terminée par une grappe étroite et distique de fleurs

grandes et belles, larges de 7 ou 8 centimètres, colorées en vert olive jaunâtre, élégamment mouchetées de brun, avec le labelle blanc relevé d'une crête purpurine à la base et tacheté d'un beau brun au sommet, accompagnées de bractées naviculaires, acuminées, membraneuses, beaucoup plus courtes que l'ovaire. Mexique et Guatemala.

† ˙ 4. **coronarium**, Lindl., *Fol. Orchid.*, part. I, n° 60. Pseudo-bulbes comprimés, ovales, monophylles. Feuil'e oblongue, coriace, canaliculée à sa base. Grappe longue de 33 centimètres, comprenant environ 18 fleurs larges de 4 centimètres, brunes, bordées de jaune sur les pétales, avec le labelle brun et jaune, la colonne blanche. Nouvelle-Grenade, à 7,000 pieds d'altitude. Espèce terrestre.

† ˙ 5. **grande**, Lindl., *Bot. Reg.*, 1840. Pseudo-bulbes très-comprimés, à bord mince, presque ronds. Hampe dressée, dépassant rarement 16 centimètres de hauteur et portant de 2 à 5 fleurs très-grandes et très-belles, dont la largeur égale ou dépasse même quelquefois 18 centimètres, de couleur jaune, et qui sont presque entièrement couvertes de bandes et de taches d'un brun cannelle. Guatemala.

† 6. **hastilabium**, Lindl., *Orchid.*; Linden., n° 84. Feuilles oblongues, coriaces. Fleurs très-belles, en panicules larges de 8 centimètres, odorantes, d'un blanc verdâtre, rayées de rouge, avec le labelle blanc, coloré en pourpre à sa base. Nouvelle-Grenade.

† ˙ 7. **maculatum**, La Llave, *Descr. nov. veg.*, II, 25. Pseudo-bulbes comprimés, oblongs, monophylles. Feuille oblongue, un peu aiguë, nerveuse, plus courte que l'inflorescence. Grappe pendante, formée de nombreuses fleurs colorées en brun marron sur les sépales, en jaune clair

taché de brun sur les pétales et le labelle, accompagnées de bractées naviculaires, vertes, plus courtes que l'ovaire. Mexique.

† * 8. **nebulosum**, Lindl., *Sert. Orchid.*, sub tab. 25. Pseudo-bulbes portant 2-3 feuilles oblongues, aiguës, condupliquées à la base, plus courtes que l'inflorescence. Hampe terminale dressée, chargée d'un petit nombre de fleurs, les plus grandes de la section avec celles de l'*O. Warscewiczii*, mesurant environ 10 centimètres de largeur, accompagnées de bractées scarieuses, embrassantes, deux fois plus courtes que l'ovaire. Mexique.

† * 9. **Pescatorei**, Linden, *Pescatorea,* 1re liv., tab. 1. Pseudo-bulbes ovales, relevés de petites cô'es diphylles. Feuilles en ruban, planes, rétrécies à la base. Panicule dressée, diffuse, haute de 65 centimètres à un mètre, et presque aussi large, comprenant jusqu'à une cinquantaine de fleurs grandes et très-belles, demi-transparentes, blanches, avec une bande rose au milieu des sépales, et une tache jaune près de la base du labelle. Nouvelle-Grenade, où elle a été découverte par MM. Funk. et Schlim.

† * 10. **pulchellum**, Batem., in *Bot. Reg.*, 1841, tab. 48. Pseudo-bulbes oblongs, comprimés, ancipités, diphylles. Feuilles linéaires, obliquement échancrées au sommet. Hampe de longueur égale à celle des feuilles, ancipitée, grêle, terminée par une grappe de 6-7 fleurs larges de 35 millimètres, d'un blanc pur, avec le labelle orangé, finement ponctué de rouge vineux. Guatemala.

On cultive encore d'autres espèces de ce genre, et parmi elles les suivantes, qui sont très-remarquables :

	PATRIE.	OBSERVATIONS.

11. O. aureo-purpureum, Rchb. F.. Nlle-Grenade.

† * **12. Bictoniense**, Lindl. . . . . Guatemala.

*13. **gloriosum**, Lindl. et Rchb. F. . . . . Nlle-Grenade.

† 14. **læve**, Lindl. . . . Guatemala.

† * 15. **phalænopsis**, Lind. et Rchb. F. . . . Nlle-Grenade.

14. Grappe paniculée rameuse, comprenant de nombreuses fleurs odorantes, jaunes, parsemées de beaucoup de taches brun cannelle, à labelle blanc rayé de violet.

† 16. **Phymatochilum**, Bat. Mag . . . Inconnue.

†17. **ramosissimum**, Lindl. . . . . Nlle-Grenade.

† *18. **Reichenbachii**, Hort. . . . . Mexique.

19. Hampe portant ordinairement deux fleurs larges d'environ 5 centimètres, dont les sépales sont colorés en vert jaunâtre taché de brun, tandis que les pétales sont blancs tachés de pourpre à la base.

19. **Rossii**, Lindl . . . . Mexique.

† * 20. **triumphans**, Rchb. F. . . . . . . Nlle-Grenade.

† * 21. **Uroskinneri**, Hort. . . . . Inconnue.

23. Fleurs très-belles et très-grandes.

†22. **Wagnerii**, Bonpl. Caracas.

23. **Warscewiczii**, Rchb. F. . . . . . . Chiriqui.

PERISTERIA, Hook. (Vandées).

†1. **pendula**, Hook., *Bot. Mag.*, t. 3479. Pseudo-bulbes oblongs-ovales, cannelés, embrassés à leur base par des écailles membraneuses, brunâtres, terminées par 3 ou 4 feuilles lancéolées, ondulées, plissées. Hampe pendante, portant environ 5 fleurs grandes et belles, globuleuses, charnues, odorantes, d'un blanc verdâtre en dehors, lavées de rouge en dedans, où elles sont abondamment ponctuées

de pourpre, avec le labelle blanchâtre, ponctué de même. Demerara.

On cultive encore les espèces suivantes :

	PATRIE.	OBSERVATION.
† 2. **P. elata**, Hook	. . Colombie.	3. Fleurs blanc verdâtre extérieurement, lavées et ponctuées de rouge intérieurement.
† 3. **guttata**, Know	. . Brésil.	

PHAJUS, Lour. (Epidendrées).

† 1. **albus**, Lindl., *Gen. and spec.*, p. 128. Plante épiphyte, caulescente, ayant un port différent de celui des autres espèces du même genre. Tige haute de 50 à 60 centimètres. Feuilles oblongues-lancéolées, aiguës, glauques en dessous, diminuant de grandeur vers la base, au point de n'être plus que des écailles dans le bas de la tige. Grappe terminale dépassée par les feuilles, portant de grandes bractées concaves, oblongues-lancéolées, herbacées, presque aussi longues que les fleurs, et composée de plusieurs grandes fleurs très-belles, blanches, avec le labelle veiné de rose. Népaul.

† 2. **maculatus**, Lindl., *Gen. and spec.*, p. 127. Pseudobulbes ovales-oblongs. Tige haute de 60 centimètres. Feuilles ovales-lancéolées, acuminées, grandes, tachetées de jaune. Hampe radicale, haute d'environ 60 centimètres, et portant 10 ou 12 fleurs grandes et belles, de couleur jaune d'or, avec le labelle bordé et taché de pourpre brun à l'extrémité de ses lobes. Népaul.

On cultive encore les espèces suivantes :

	PATRIE.	OBSERVATIONS.
† 3. **P. grandifolius**, Lour.	. . . . Chine.	Fleurs nombreuses et larges, blanches en dehors, et brun amarante en dedans.
† 4. **Wallichii**, Lindl..	Indes orient.	

PHALÆNOPSIS, Bl. (Vandées).

† 1. **amabilis**, Blume, *Bijdr.*, p. 294. Tige émettant de

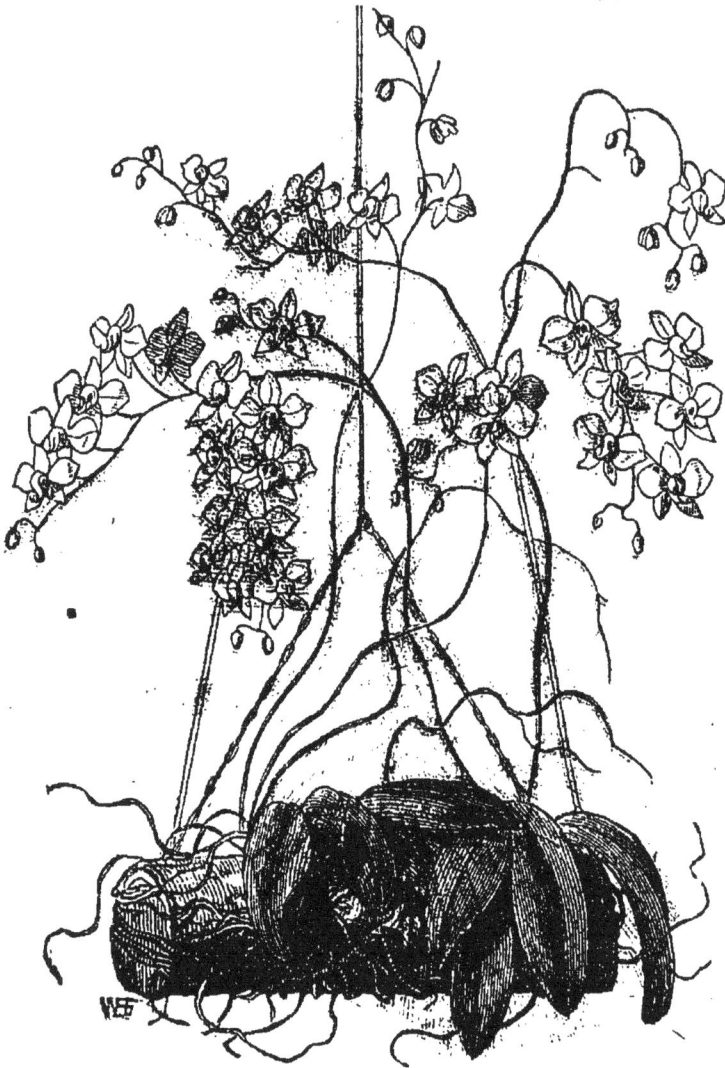

Fig. 26. — Phalænopsis grandiflora.

nombreuses racines épaisses, d'un blanc bleuâtre. Deux feuilles radicales, oblongues, coriaces. Inflorescences nombreuses, pendantes, portant chacune 3 ou 4 magnifiques

7

fleurs d'un blanc pur, avec le labelle rayé dans sa moitié inférieure de jaune et de rouge vif, larges de 3 centimètres. Philippines et toutes les îles de l'Asie.

Fig. 27. — Phalænopsis grandiflora (fleur).

† 2. **grandiflora,** Lindl., *Rev. hort.*, 238, année 1860. Cette espèce ressemble à la précédente, mais ses fleurs sont encore plus grandes que chez celle-ci; elles sont éga-

lement blanches, mais d'un blanc moins pur. Leurs sépales sont un peu verdâtres. Leur labelle est rayé, dans sa moitié inférieure, de rouge moins vif et de jaune, et il a ses filets jaunes. Java.

† 3. **Schilleriana,** Rchb. f. Espèce magnifique, à larges feuilles, longues de 30 à 40 centimètres, oblongues-obtuses, d'un rouge pourpre violacé en dessous, d'un beau vert grisâtre et largement maculé vert foncé en dessus. Fleurs d'un très-joli rose, qui se fond avec le blanc des divisions ponctuées de nuances plus foncées. Manille. Nous avons vu de cette espèce des spécimens dont la hampe florale portait plus de 100 fleurs, dans les cultures de M. le comte de Nadaillac, à Passy.

† 4. **rosea,** Lindl., *Garden. Chron.,* 1848. Feuilles lancéolées-oblongues, en coin à la base. Inflorescences longues de 50 à 60 centimètres, sortant de l'aisselle des vieilles écailles, flexueuses dans leur partie supérieure, portant au moins une douzaine de fleurs larges de 7 ou 8 centimètres, colorées en rose pâle, avec le labelle d'un beau rose lilas intense, et d'un beau jaune dans sa portion supérieure, qui est mouchetée de rouge. Manille.

On cultive encore les :

	PATRIE.	OBSERVATION.
† 5. **P. Luddemanniana**	Philippines.	6-7. Variétés très-remarquables par leurs fleurs, beaucoup plus jolies que celles du type.
† 6. — **ochracea**.	Philippines.	
† 7. — **delicata**.	Philippines.	

PHYSURUS, Reichb. (Néottiées).

1. **argenteus,** Hort. Jolie petite plante terrestre, s'élevant à 10 ou 15 centimètres de hauteur. Feuilles longues de 3

ou 4 centimètres, vert foncé et blanches le long de la nervure médiane. Brésil.

2. **pictus**, Lindl., *Gen. and spec.* Petite plante remarquable, surtout par ses feuilles ovales, aiguës, sur le fond vert desquelles se dessine un charmant réseau de nervures ou de lignes d'un beau jaune d'or. Ses fleurs sont de peu d'effet, blanches, avec une tache brunâtre sur chaque foliole, et avec le bout du labelle jaune. Brésil.

Culture des Anectochiles.

RENANTHERA, Lour. (Vandées).

† * 1. **coccinea**, Lour., *Gen. and spec.*, p. 217. Tige longue et flexueuse, émettant un grand nombre de longues et grosses racines blanchâtres, et portant des feuilles distiques, nombreuses, un peu distantes, linéaires-oblongues, obliquement échancrées au sommet, épaisses et charnues. Grandes et belles panicules latérales, sortant non d'une aisselle, mais plus haut, comprenant un grand nombre de magnifiques fleurs d'un rouge écarlate, un peu pâle sur les sépales, qui sont mouchetés irrégulièrement d'un rouge plus intense, vif sur les pétales, qui sont rayés de bandes orangées larges d'environ 9 centimètres. Cochinchine.

† 2. **matutina**, Lindl., *Pescatorea*, 3ᵉ liv. Plante forte. Tige allongée, tachée de rouge brun. Feuilles ligulées, obtuses au sommet, où elles forment deux lobes inégaux, distantes. Panicule étalée, rameuse, atteignant jusqu'à un mètre de longueur, comprenant un grand nombre de fleurs charmantes, de grandeur moyenne, colorées en rouge pourpre tirant sur la couleur du sang, pâle en dehors, mouchetées de jaune d'or sur le disque des sépales laté-

raux, et de pourpre foncé sur le reste, avec le labelle intérieurement pourpre noirâtre. Java.

SACCOLABIUM, Bl. (Vandées).

✝ 1. **Blumei**, Lindl., *Bot. Reg.*, 1841. Feuilles longues,
canaliculées, aiguës et mucronées au sommet, arquées,
longues de 20 centimètres sur 25 millimètres de largeur.
Grappes pendantes, serrées, larges, comprenant un très-
grand nombre de jolies fleurs blanches, un peu lavées de
rose, présentant une ligne purpurine médiane sur les sépales latéraux et les pétales, et trois sur le sépale supérieur, avec le labelle lilas sur son disque, où se montrent
cinq lignes rouges, blanc sur ses bords. Java.
Variétés *ceratidium* et *majus*.

✝ 2. **curvifolium**, Lindl., *Gen. and spec.*, p. 222.
Feuilles linéaires, canaliculées, arquées, mordues obliquement au sommet, longues de 20 à 25 centimètres. Grappes
dressées, serrées, longues de 6 ou 7 centimètres, comprenant de nombreuses fleurs d'un rouge vif. Népaul. Ceylan.

✝ 3. **guttatum**, Lindl., *Gen. and spec.*, p. 220. Tige
haute d'environ 65 centimètres. Feuilles longues, canaliculées, tronquées inégalement au sommet, arquées, longues d'au moins 30 centimètres, comprenant un grand
nombre de fleurs blanches, mouchetées et rayées de pourpre, avec le labelle pourpre uniforme. Indes orientales,
Népaul, Java, Sylhet, Malabar, etc.

✝ 4. **miniatum**, Lindl., *Bot. Reg.*, 1847. Plante peu élevée, à tige épaisse. Feuilles nombreuses et très-rapprochées, imbriquées, distiques, en ruban, tronquées obliquement au sommet, canaliculées. Grappes courtes, cylindracées, étalées, longues de 8 à 10 centimètres, comprenant

chacune une dizaine de fleurs d'un joli orange rougeâtre. Java.

† 5. **præmorsum**, Lindl., *Gen. and spec.*, t. 221. Tige courte. Feuilles linéaires, canaliculées, comme mordues au sommet, cuspidées. Grappes très-belles, longues de plus de 30 centimètres, serrées, d'un blanc de neige, se-

Fig. 28. — Saccolabium guttatum.

mées très-élégamment de ponctuations pourpres, avec le labelle rouge pourpre intense. Indes orientales.

† 6. **rubrum**, Lindl., *Gen. and spec.*, p. 222. Très-belle espèce. Feuilles arquées, canaliculées, bidentées au sommet, tachées de rouge. Grappes dressées, comprenant un grand nombre de belles fleurs d'un rose vif. Népaul.

On cultive encore les espèces suivantes :

	PATRIE.	OBSERVATIONS.
†7. **S. ampullaceum,** Lindl.. . . . . . . Népaul.		
† 8. **calceolare,** Lindl. Népaul.		9. Fleurs charmantes, jaunes, ponctuées de rouge, avec le labelle pourpre et l'éperon blanc.
† 9. **compressum ,** Lindl.. . . . . . . Manille.		
† 10. **denticulatum ,** Paxt. . . . . Sylhet.		
† 11. **densiflorum ,** Lindl . . . . Sylhet.		10. Très-jolies fleurs d'un jaune verdâtre, abondamment ponctuées de brun rougeâtre, avec le labelle blanc varié de jaune d'or.
†12. **papillosum,** Ldl. Malabar.		
†13. **retusum,** Hort. . Bornéo.		
† 14. **violaceum** (purpureum) . . . . . Philippines.		

Selenipedium, Rchb. f.

†1. **caudatum,** Rchb. f. Diffère des Cypripédiées par ses fleurs à sépales vert jaunâtre, longs de 12 à 15 centimètres, oblongs et lancéolés. Les pétales, d'un beau jaune en dehors et lilas pourpre à l'intérieur, se prolongent en une sorte de ruban atteignant parfois près d'un mètre de longueur. Le labelle est en forme de sabot jaune pâle lavé de rouge. Pérou. Bolivie.

Variété *C. roseum*, à fleurs charmantes.

Nota. — Plusieurs fois déjà, on a constaté la rapidité avec laquelle se développent certains organes, et notamment les pétales des fleurs du *Selenipedium caudatum*. Nous avons consigné ces observations très-curieuses dans un tableau que nous reproduisons ci-contre.

D'après ce tableau, résumé exact des faits, on verra que ces pétales se sont allongés de 80 millimètres par jour dans

le plus fort de leur développement, et qu'ils ont atteint
910 millimètres de longueur dans l'espace de 14 jours. Ce
fait, nous le croyons, est de nature à intéresser les physiolo-
gistes qui s'occupent de ces sortes de questions.

En général, il est admis que les feuilles des végétaux s'al-
longent davantage la nuit que le jour. Eh bien! l'on verra qu'il
n'en est pas de même pour les fleurs, du moins dans cette
circonstance, puisque les pétales du *Selenipedium caudatum* ont poussé de 344 millimètres de longueur pendant les
quatorze journées que dura leur développement, tandis que
pendant quatorze nuits elles n'ont poussé que de 326 millimètres.

Ces observations ont été suivies avec la plus grande régu-
larité. Les pétales étaient mesurés deux fois le jour, l'une à
6 heures du matin, l'autre à 6 heures du soir, afin de cons-
tater comparativement l'allongement qui s'était opéré pendant
le jour et pendant la nuit. Lorsque les pétales eurent atteint
91 centimètres de longueur, leur végétation s'arrêta, et la
fleur se conserva jusqu'au 5 mai, en perdant peu à peu ses
couleurs, qui passent au jaune de plus en plus pâle.

TABLEAU

INDIQUANT LES DÉVELOPPEMENTS QU'ONT ACQUIS LES PÉTALES D'UN
PIED DE SELENIPEDIUM CAUDATUM.

L'expérience a commencé le 12 avril 1867. A ce moment, qui coïncidait avec l'épanouisse-
ment de la fleur, les pétales mesuraient déjà 240 millimètres (1).

Température centigrade de la serre.	Dates. — Avril.	HEURES DES OBSERVATIONS et DÉVELOPPEMENTS DES PÉTALES.	DIFÉRENCE du développement des pétales entre le jour et la nuit.	
			De 6 heures du matin à 6 heures du soir.	De 6 heures du soir à 6 heures du matin
22	12	A 6 h. du soir les pét. mesuraient 0,240 mill. de long.	....	....
22	13	A 6 — matin — — 0.270 —	....	0,030
23	13	A 6 — soir — — 0,315 —	0,045	....
22 1/2	14	A 6 — matin — — 0,354 —	....	0,039
23	14	A 6 — soir — — 0,390 —	0,042	....
23	15	A 6 — matin — — 0,432 —	....	0,036
22	15	A 6 — soir — — 0,475 —	0,043	....
23	16	A 6 — matin — — 0,514 —	....	0,039
22	16	A 6 — soir — — 0,556 —	0,042	....
22	17	A 6 — matin — — 0,594 —	....	0,038
23	17	A 6 — soir — — 0,633 —	0,039	....
22	18	A 6 — matin — — 0,667 —	....	0,034
23	18	A 6 — soir — — 0,696 —	0,029	....
24	19	A 6 — matin — — 0,712 —	....	0,016
24	19	A 6 — soir — — 0,738 —	0,026	....
24	20	A 6 — matin — — 0,761 —	....	0,023
24	20	A 6 — soir — — 0,779 —	0,018	....
23 1/2	21	A 6 — matin — — 0,792 —	....	0,013
23	21	A 6 — soir — — 0.803 —	0,011	....
22	22	A 6 — matin — — 0,825 —	....	0,022
22	22	A 6 — soir — — 0,846 —	0,021	....
23	23	A 6 — matin — — 0.868 —	....	0,022
22 1/2	23	A 6 — soir — — 0.882 —	0,014	....
23	24	A 6 — matin — — 0,894 —	....	0,012
24	24	A 6 — soir — — 0,907 —	0,013	....
23	25	A 6 — matin — — 0,909 —	....	0,002
23	25	A 6 — soir — — 0,910 —	0,001	....
		Résumé. { Pendant le jour	0,344	0,326
		Pendant la nuit	0,326	
		Avant l'épanouissement ..	0,240	
			0,910	

(1) Voir *Revue horticole*, 1867.

† 2. **Schlimii,** Lindl. et Rchb. f., *Pescatorea*, pl. 34. Cette belle espèce, encore peu répandue dans les cultures, est assez vigoureuse et forme des touffes portant des feuilles longues de 30 centimètres et larges de 3-4. Ses tiges florales s'élèvent ordinairement de 25 à 30 centimètres de hauteur, portant chacune 3 ou 4 fleurs alternes, à sépales blanc sombre, à pétales blanc pur pointillé de rose lilacé, et à labelle arrondi d'un beau rose lilas violacé. Nouvelle-Grenade.

SOBRALIA, R. et P. (Vandées).

† * 1. **dichotoma,** R. et P., *Fl. péruv.*, p. 232. Tige glabre, s'élevant de 4 à 6 mètres, en buissons quelquefois impénétrables. Feuilles ovales, longuement acuminées. Grappes axillaires, bifides, formées d'un grand nombre de belles fleurs larges de 7 à 8 centimètres, blanches en dehors, violettes en dedans, odorantes. Pérou.

† 2. **liliastrum,** Lindl., *Gen. and spec.*, p. 177. Tige s'élevant jusqu'à 3 et 4 mètres. Feuilles lancéolées, très-aiguës, striées, ainsi que les gaînes. Fleurs par 2-4, en grappe, très-belles, larges de 12 à 14 centimètres, pendantes, tantôt blanches, tantôt d'un beau rose. Bahia.

† * 3. **macrantha,** Lindl., *Sert. Orchid.*, sub tab. 29. Magnifique et grande plante. Tiges nombreuses, naissant d'une masse compacte de racines cotonneuses, droites, s'élevant jusqu'à 3 mètres et plus, feuillées dans toute leur longueur. Feuilles ovales-lancéolées, longuement acuminées, planes à la base. Fleurs très-grandes, mesurant 15-16 centimètres de diamètre, d'un beau rose vif nuancé de pourpre foncé sur le labelle, dont le tube est jaune intérieurement. Mexique.

On cultive encore les espèces suivantes :

	PATRIE.	OBSERVATION.
† 4. **S. aurea,** Lodd .	. Caracas.	
5. **Bucephalus** . . .	. Bornéo.	6. Fleur solitaire, d'un beau rose qui passe au blanc, penchée, longue d'environ 6 centimètres.
† 6. **decora,** Bat . . .	. Guatemala.	
7. **Ruckerii,** Linden .	. N^lle-Grenade.	

SOPHRONITIS, Lindl. (Epidendrées).

† * 1. **grandiflora,** Lindl., *Sert. Orchid.,* tab. 5, fig. 2. Pseudo-bulbes ovales, à contour arrondi. Feuille oblongue-aiguë. Fleurs belles et grandes, larges de 8 centimètres, d'une brillante couleur écarlate ou vermillon, avec le labelle jaune, solitaires et naissant sans spathe. Rio-de-Janeiro.

On cultive encore les espèces suivantes :

	PATRIE.	OBSERVATIONS.
' 2. **S. cernua,** Lindl.	. Brésil.	2. Fleurs petites, rouge écarlate.
3. **pterocarpa,** Lindl.	. Brésil.	3. Fleurs violettes, à labelle obovale.
' 4. **violacea,** Lindl. .	. Brésil.	4. Fleurs rose pourpre.

STANHOPEA, Frost. (Vandées).

† 1. **Bucephalus**, Lindl., *Gen. and spec.,* p. 157. Pseudo-bulbes petits, monophylles. Feuille rétrécie inférieurement en un long pétiole, peu plissée, longue d'environ 3 décimètres. Hampe pendante, longue d'environ 50 centimètres, portant 6 à 9 grandes et belles fleurs odorantes, d'un beau jaune, toutes parsemées de taches pourpres et de points, avec le labelle luisant comme de l'ivoire, d'abord orangé, ensuite d'un jaune d'or intense, ponctué de rouge sang vers son extrémité.

Variété *guttata,* Lindl., Pérou, à 6000 pieds d'altitude.

† * 2. **Devoniensis**, Lindl., *Fol. Orchid.*, part. I, n° 13. Pseudo-bulbes volumineux, pyriformes, profondément cannelés. Feuille pétiolée, large, ondulée. Hampe pendante, portant 2 à 3 fleurs très-belles, larges au moins de 15 centimètres, bien ouvertes, très-odorantes, colorées en jaune d'or, variées uniformément de taches et de lignes rouge sang, avec le labelle luisant comme de l'ivoire, présentant à son centre une large tache rouge brun. Pérou.

† * 3. **grandiflora**, Lindl., *Gen. and spec.*, p. 158. Hampe très-courte, dressée. Fleurs très-grandes, mesurant 16 centimètres de largeur, très-agréablement odorantes, d'un blanc pur partout, à l'exception de l'hypochyle et de quelques autres taches rouges sur le mésochile. Trinité.

† * 4. **Martiana**, Batem., *Orchid. of Mex. and Guatem.*, t. 27. Pseudo-bulbes cannelés. Feuille fortement nervée, recourbée au sommet. Hampe portant 3-5 fleurs larges de 13 centimètres, blanches, maculées et ponctuées de rouge brun, lavées de rose pâle à la base des pétales, avec la colonne d'un rose jaunâtre et rayée de rouge. Variété *bicolor*. Mexique.

† * 5. **oculata**, Lindl., *Gen. and spec.*, p. 158. Fleurs odorantes, généralement de couleur citron, avec des taches lilas en grand nombre sur les sépales, en nombre moindre sur les pétales. Mexique. Il existe dans les cultures des variétés nombreuses et belles de cette espèce.

† * 6. **tigrina**, Bat., *Orchid. of Mex. and Guatem.*, tab. 7. Admirable espèce, la plus brillante de ce beau genre. Pseudo-bulbes pyriformes, avec des impressions irrégulières. Hampe pendante, pourvue de gaînes allongées, brunâtres, et portant 3-5 fleurs, dont la largeur égale 21-22 centimètres, colorées en beau jaune orangé, mouche-

tées et variées de rouge pourpre, avec le labelle jaune et parsemé de taches et de ponctuations brunes et veloutées, passant ensuite au blanc varié de jaune et abondamment ponctué de lilas, d'une beauté difficile à décrire.

Variété *nigroviolacea,* très-remarquable. Mexique.

† 7. **Wardii**, Lodd.; Lindl., *Sert. Orchid.*, t. 20. Pseudo-bulbes longs de 5 centimètres, profondément sillonnés. Feuille brièvement pétiolée, large, ondulée, pendante. Hampe allongée, pendante, portant 5-7 fleurs délicieusement odorantes, d'un jaune d'or, semées de petites taches égales rouge sang, avec le labelle également jaune, parsemé de points rouges colorés en brun à la base. Amérique centrale.

Variété *aurea,* Lindl., à fleurs orangé foncé.

On cultive encore les espèces suivantes :

	PATRIE.	OBSERVATIONS.
† *8. **S. eburnea**, Ldl.	Brésil.	
9. **cirrhata**, Lindl . . .	Nicaragua.	9. Fleurs blanches avec quelques taches brunes.
†10. **graveolens**, Ldl.	Guatemala.	
†11. **guttulata**, Lindl.	Mexique.	13. Fleurs jaune paille, avec le labelle blanc pur, coloré en jaune intense à sa base.
†12. **insignis**, Forst. .	Brésil.	
†13. **inodora**, Lodd . .	Mexique.	
14. **quadricornis**, Ldl.	Amér. centr.	
†15. **Ruckerii**, Lindl..	Mexique.	15. Fleurs belles, avec le labelle brun et rouge.
† *16. **saccata**, Bat.. .	Guatemala.	
†17. **tricornis**, Lindl..	Perou.	17. Belle espèce; fleurs grandes, blanches, avec les pétales roses variés de brun rouge.
†18. **velata**, Morren . .	Inconnue.	
† 19. **Warscewiczii**, Klotzsch.	Chiriqui.	

TRICHOPILIA, Lindl. (Vandées).

*1. **suavis**, Lindl., *Flow. Gard.*, I, p. 44, n° 70. Pseudo-

7..

Fig. 29. — Trichopilia suavis.

bulbes très-fortement comprimés, en lame arrondie. Feuille large-oblongue, coriace. Fleurs odorantes, larges de 11 centimètres du bout du sépale supérieur à celui du labelle,

Fig. 30. — Trichopilia suavis (fleur).

réunies en grappe multiflore, penchée, de couleur blanche ou blanc jaunâtre, avec le labelle jaune à sa base, taché sur le limbe de pourpre pâle sur fond jaune très-clair. Amérique centrale.

* 2. **tortilis**, Lindl., *Bot. Reg.*, t. 1863. Pseudo-bulbes oblongs, sillonnés comprimés, étroitement revêtus de gaînes tachetées de brun. Feuille oblongue, aiguë, plane ou légèrement ployée, coriace. Fleur axillaire, solitaire, sessile, large de 9 à 10 centimètres, avec le labelle d'un beau blanc taché. Mexique.

On cultive encore les espèces suivantes :

	PATRIE.	OBSERVATION.
3. **T. albida**, Vend	Caracas.	4. Fleur solitaire, d'un beau rouge carmin bordé de blanc.
4. **coccinea**, Warscew.	Amér. centr.	

UROPEDIUM, Lindl. (Cypripédiées).

† 1. **Lindenii**, Lindl., *Pescatorea*, t. II. Plante extrêmement curieuse, à racine fibreuse. Tige courte, portant inférieurement des feuilles distiques, longues d'environ 30 centimètres, en ruban, rétrécies et un peu aiguës au sommet, coriaces. Hampe pauciflore, portant de grandes bractées vertes, aiguës, de l'aisselle desquelles sortent les fleurs. Fleurs très-grandes, blanches, rayées longitudinalement de vert sur les sépales, qui sont aussi verdâtres à leur extrémité, de rouge vineux sur les pétales et le labelle, dont la queue est colorée du même rouge. Les sépales sont longs d'environ 12 ou 15 centimètres. Les pétales et le labelle n'ont pas moins de 50 ou 60 centimètres de longueur. Nouvelle-Grenade, dans les parties tempérées des montagnes.

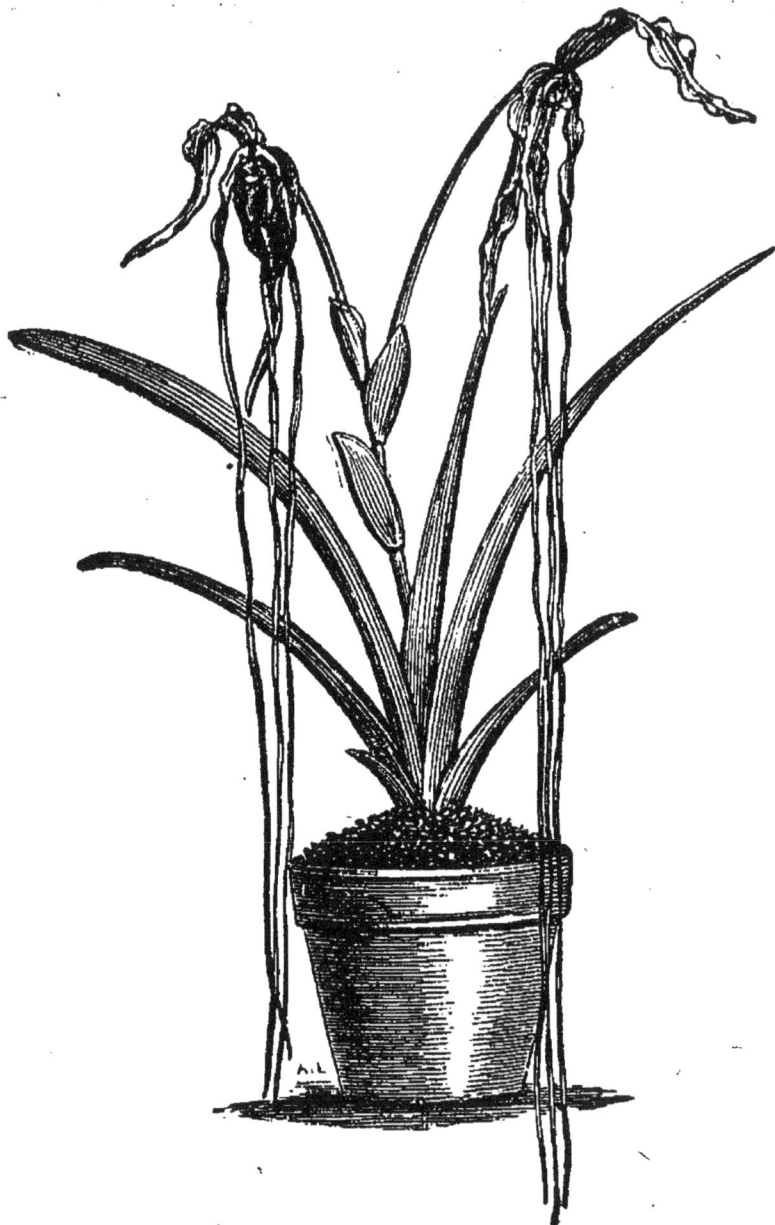

Fig. 31. — Uropedium Lindenii.

VANDA, Rob. Br. (Vandées).

† 1. **Batemannii**, Lindl., *Bot. Reg.*, 1846, t. 59. Très-grande plante dressée, produisant de très-grosses racines

aériennes. Feuilles ensiformes, obtuses et obliquement
échancrées, planes, recourbées, coriaces, atteignant 60 centimètres de longueur. Grappe dépassant les feuilles, formée d'une vingtaine de grandes et très-belles fleurs larges
de 8 ou 9 centimètres, bien ouvertes, coriaces, durant longtemps, colorées extérieurement en pourpre vif qui passe au
violet sur les bords, intérieurement en beau jaune d'or taché
partout de rouge. Moluques, Philippines, sur les arbres.

† 2. **cristata**, Lindl., *Gen. and spec.*, p. 216. Tige courte.
Feuilles canaliculées, recourbées, tronquées obliquement
et tridentées au sommet. Grappe dressée, plus courte que
les feuilles, formée de trois belles fleurs vert clair, avec le
labelle rayé régulièrement d'un beau rouge pourpre sur
un fond brunâtre. Népaul et Sikkim.

† 3. **cœrulea**, Griffith, Mss. ex Lindl., *Bot. Reg.*, 1847,
sub t. 30. Tige haute d'un mètre. Feuilles coriaces, à
sommet tronqué, entamé d'un sinus concave et arrondi,
qui laisse de chaque côté une pointe aiguë longue de 12 à
14 centimètres, large d'un peu plus de 2. Grappes serrées,
dressées, formées de plusieurs magnifiques fleurs larges
de 10-11 centimètres, colorées en beau bleu d'azur, avec
le labelle petit et pourpre. Inde, sur les monts Khasia, à
4000 pieds d'altitude.

† 4. **Cathcartii**, Lindl. Espèce très-vigoureuse, à fleurs
très-grandes et belles, extérieurement rouge orangé, lignées transversalement de carmin, centre vert. Très-belle
espèce, rare encore dans les cultures. Himalaya.

† 5. **gigantea**, Lindl. Très-belle espèce, dont les fleurs
mesurent en dimensions à peu près celles du *V. Roxburghii*, mais d'un jaune plus foncé et panachées de brun cannelle. Birmanie.

† 6. **insignis**, Blume, *Rumphia*, IV, p. 49. Feuilles raides, canaliculées, à sommet inégal ou denté. Grappes dressées, de même longueur que les feuilles, formées de 5 à 7 fleurs espacées, larges de 7 centimètres, vertes en dehors, brunâtres en dedans, avec le labelle rose vif et blanc à sa base. Montagnes de l'île de Timor.

† 7. **Lowii**, Lindl. Espèce magnifique, provenant des localités humides des forêts de Bornéo. Très-vigoureuse, atteignant plus d'un mètre dans nos serres, et produisant des grappes de fleurs pendantes de 3 à 4 mètres de longueur, d'un beau jaune citron, rubanées et maculées de taches couleur cannelle. Bornéo.

† 8. **suavis**, Lindl., *Garden Chron.*, 1848. Feuilles en ruban, re-

Fig. 32. — Vanda suavis.

courbées-flasques, obliquement dentées au sommet. Grappes lâches, allongées, formées de fleurs grandes et belles, délicieusement odorantes, blanches ou jaunes, tachées et marbrées, avec le labelle violet.

Variétés *alba* et *flava,* très-remarquables. Java, dans les bois des montagnes.

† 9. **teres**, Lindl., *Bot. Reg.,* 1809. Plante grimpante, à tige rameuse, et atteignant jusqu'à 3 mètres de hauteur. Feuilles cylindriques, obtuses. Grappes ascendantes, de même longueur que les feuilles, formées d'un petit nombre de fleurs larges de 10 centimètres ou même plus, et d'une rare beauté, dont les sépales sont blancs, les pétales couleur de sang avec une bordure blanche, le labelle rouge sang, fortement veiné, jaune en dessous du sommet et taché de rouge. Indes orientales; dans les jungles du Sylhet, de Martaban, etc.

† 10. **tricolor**, Lindl., *Bot. Reg.,* 1847. Feuilles canaliculées, dépassant l'inflorescence. Grappe formée d'un petit nombre de belles fleurs toujours blanches en dehors, jaune ou cannelle en dedans, généralement tachées de brun, avec le labelle ordinairement rose plus ou moins intense.

Variétés *fulva, flava, pallens, cinnamomea, planilabris,* etc., toutes très-remarquables. Java, dans les bois des montagnes.

On cultive encore les espèces suivantes :

	PATRIE.	OBSERVATIONS.
† 11. **V. concolor**, Bl^{me}.	Chine.	13. Grappe dressée, formée de plusieurs fleurs jaune pâle rayées de rouge terne.
† 12. **densiflora**, Lindl.	Indes orient.	
† 13. **lamellata**, Lindl.	Philippines.	
† 14. **Roxburghii**, R. Br.	Bengale.	14. Cette belle espèce est le type primitif du genre.

VANILLA, Plum. (Aréthusées).

† 1. **aromatica,** Hort. (V. *planifolia,* Andr.), *Rumphia,* Blume. Tige devenant très-longue. Feuilles oblongues-lancéolées, planes, très-légèrement striées. Fleurs en grappes raccourcies, vertes, longues et larges d'environ 6 centimètres. Indes orientales.

† 2. **lutescens,** Hort. Plus vigoureuse que la précédente. Les fleurs plus grosses, jaune verdâtre également, et les fruits plus courts et beaucoup plus gros.

ZYGOPETALUM, Hook. (Vandées).

† 1. **crinitum,** Lodd., *Bot. Cab.,* t. 1687. Feuilles larges-lancéolées, aiguës, carénées et nervées, longues de 65 centimètres. Grappes sortant par 2-3 sur la même tige, formées chacune de 4-5 belles fleurs larges de 8-9 centimètres, vertes, marbrées de brun, avec le labelle blanc, parcouru de nombreuses veines rouges très-hérissées. Brésil.

† * 2. **Mackayi,** Hook., *Bot. Mag.,* t. 2748. Pseudo-bulbes ovales, unis. Feuilles lancéolées, rubanées, striées, recourbées à l'extrémité, plus courtes que l'inflorescence. Hampe dressée, forte, haute de 75 centimètres à un mètre, portant plusieurs fleurs larges de 6 à 7 centimètres, vertes, tachées de brun, avec le labelle à fond blanc, tacheté et marbré de bleu. Brésil.

† * 3. **maxillare,** Lodd., *Bot. Cab.,* t. 1776. Feuilles linéaires-lancéolées, ou plutôt oblongues-lancéolées, ondulées, acuminées, dépassant l'inflorescence. Grappe flexueuse, formée de jolies fleurs d'un vert brillant, marquées de taches et de bandes interrompues d'un brun chocolat, avec le labelle d'un violet clair passant au violet bleu foncé dans le haut. Brésil.

† 4. **rostratum**, Hook., *Bot. Mag.*, t. 2819. Feuilles larges-lancéolées, étalées, dépassant l'inflorescence. Grappe formée de quelques fleurs verdâtres, inodores, teintées de pourpre, mais non tachées, avec le labelle blanc, relevé d'une crête violette et de quelques lignes rayonnantes rouges. Demerara.

On cultive encore les espèces suivantes :

	PATRIE.	OBSERVATION.
5. **Z. cochleare**, Lindl.	Trinité.	6. L'une des plus belles espèces du genre, à fleurs colorées comme celles du Z. Mackayi.
6. **intermedium**, Lodd.	Brésil.	
7. **stenochilum**, Lodd.	Brésil.	

TABLE DES MATIÈRES

___

TABLE

DES FIGURES CONTENUES DANS CE VOLUME.

LIBRAIRIE AGRICOLE

DE LA

MAISON RUSTIQUE

RUE JACOB, 26, A PARIS

La Librairie Agricole envoie franco à toute personne qui en fait la demande son catalogue général et un numéro spécimen de chacun des journaux qu'elle publie. (Voir l'*Avis important* à la dernière page.)

DIVISION DU CATALOGUE

Série C. n° 6. — Avril 1877.

MAISON RUSTIQUE DU XIXᵉ SIÈCLE

CINQ VOLUMES GRAND IN-8° A DEUX COLONNES

ÉQUIVALANT A 25 VOLUMES IN-8° ORDINAIRES, AVEC 2,500 GRAVURES

REPRÉSENTANT

LES NSTRUMENTS, MACHINES, ANIMAUX, ARBRES, PLANTES, SERRES
BATIMENTS RURAUX, ETC.

PUBLIÉS SOUS LA DIRECTION DE

MM. BAILLY, BIXIO ET MALPEYRE

TABLE DES PRINCIPAUX CHAPITRES DE L'OUVRAGE

TOME Iᵉʳ. — AGRICULTURE PROPREMENT DITE

Climat.	Labours.	Conservation des récoltes.	Plantes-racines.
Sol et sous-sol.	Ensemencements.	Voies de communication.	Plantes fourragères
Amendements.	Arrosements.		Maladies des végétaux.
Engrais.	Irrigations.	Céréales.	Animaux et insectes nuisibles.
Défrichement.	Récoltes.	Légumineuses.	
Desséchement.	Clôtures.		

TOME II. — CULTURES INDUSTRIELLES, ANIMAUX DOMESTIQUES

Plantes oléagineuses.	Houblon.	Pharmacie vétérinaire.	Cheval, âne, mulet
— textiles.	Mûrier.		Races bovines.
— économiques.	Arbres : olivier.	Maladies des animaux.	— ovines.
— potagères.	— noyer.		— porcines
— médicinales.	— de bordures.	Anatomie.	Basse-cour.
— aromatiques.	— de vergers.	Physiologie.	Lapin, pigeon.
— tinctoriales.	Animaux domestiques.	Élevage et engraissement.	Chiens.

TOME III. — ARTS AGRICOLES

Lait, beurre, fromage.	Laine.	Lin, chanvre.	Résines.
	Vers à soie.	Fécule.	Meunerie.
Incubation artificielle.	Abeilles.	Huiles.	Boulangerie.
	Vins, eaux-de-vie.	Charbon, tourbe.	Sels.
Conservation des viandes.	Cidres, vinaigres.	Potasse, soude.	Chaux, cendres.
	Sucre de betterave.		

TOME IV. — FORÊTS, ÉTANGS; ADMINISTRATION; CONSTRUCTION

Pépinières.	Empoissonnement.	Administration.	Constructions.
Arbres forestiers.	Législation rurale.	Choix d'un domaine.	Attelages.
Culture des forêts.	Droits de propriété.	Estimation.	Mobilier.
Exploitation.	Bail, Cheptel.	Acquisition.	Bétail, engrais.
Abatage.	Biens communaux.	Location.	Systèmes de culture
Estimation.	Police rurale.	Améliorations.	Ventes et achats.
Pêche, Étangs.	Aménagement.	Capital.	Comptabilité.
	Plantation.	Personnel.	

TOME V. — HORTICULTURE

Terrain, engrais.	Semis, greffes.	Jardin fruitier.	Plans de jardins.
Outils, paillassons.	Pépinières.	— fleuriste.	Calendrier du Jardinier.
Couches, bâches.	Taille.	— potager.	
Terres.	Arbres à fruits.	Culture forcée.	— du forestier.
Orangerie.	Légumes.	Fleurs.	— du magnanier

Prix des 5 volumes (ouvrage complet) . . . . **39 fr. 50**
Chaque volume pris séparément. . . . . **9 fr. »**

Il n'y a pas d'agriculteur éclairé, pas de propriétaire qui ne consulte assidûment la *Maison rustique du dix-neuvième siècle*; ce livre, qui est encore l'expression la plus complète de la science agricole pour notre époque, peut former à lui seul la bibliothèque du cultivateur. 2,500 gravures réparties dans le texte parlent aux yeux et donnent aux descriptions une grande clarté.

I. — AGRICULTURE GÉNÉRALE

Maison Rustique du XIXe siècle, Tome Ier (*Voir page* 2).

Agenda agricole, aide-mémoire publié à Genève par L. Archinard et H. de Westerweller. . . . . ' . .   2.50

Almanach du Cultivateur, par les Rédacteurs de la *Maison rustique*. 192 pages in-32 et nomb. grav . . . . . .   ».50

Annales de l'Institut agronomique de Versailles.
1re Partie : Rapports sur l'administration, par Lecouteux ; sur l'alimentation du bétail, par Baudement ; sur les insectes nuisibles aux colzas, par Focillon ; etc., etc. In-4° de 272 p. et 3 planches. . . . .   5. »

2me Partie : Recherches sur l'alucite des céréales, par Doyère. In-4° de 146 pages et 3 planches. 3.50

Congrès de la société des agriculteurs de France, tenu à Châteauroux en 1874, compte rendu des travaux publié par M. Damourette. 1 vol. gr. in-8° de 412 pages avec grav.   4. »

Primes d'honneur, décernées dans les concours régionaux en 1868. Grand in-8° de 582 pages; 19 planches coloriées et nombreuses figures dans le texte. . . . .   20. »

Mémorial du propriétaire-améliorateur ; emploi et dosage des amendements calcaires. In-12 de 296 p. . .   2.50

Avène (Baron d'). — **Le Propriétaire-Agriculteur**, guide raisonné de la culture intensive. In-18, 124 pages 1.25

Barral. — **Le Bon Fermier**, aide-mémoire du cultivateur, avec une *Revue agricole* de l'année écoulée, par de Céris, Gayot, Heuzé, Marié-Davy, etc. Fort vol. in-18 de 1567 p. et 100 gr.   7. »

Une nouvelle édition du *Bon Fermier* est publiée tous les ans, avec revue de l'année écoulée et addition des nouveautés.

Bodin (J.). — **Éléments d'agriculture**, 5me édition in-18 de 396 pages et 42 gravures. . . . .   2. »

Borie (Victor). — **Les douze mois, Calendrier agricole.** In-8° à deux colonnes, de 380 pages et 80 grav. 3.50

—— **Les Travaux des champs** (*Bibl. du Cultiv.*). In-18 de 188 pages et 121 grav. 1.25

—— **Les Jeudis de M. Dulaurier** (*Bibl. des écoles primaires*). 2 vol. in-18 ensemble de 272 pages et 97 gravures. . . .   1.50

Breton. — **Manuel théorique et pratique du défrichement.** In-8° de 400 pages. . . . .   4. »

Damourette. — **Calendrier du métayer** (*Bibl. du Cultiv.*). In-18 de 180 pages. 1.25

Destremx de Saint-Cristol. — **Agriculture méridionale** ; le Gard et l'Ardèche. In-8^c de 432 pages 3.50

II. — CULTURES SPÉCIALES

(Céréales, plantes fourragères, vigne, etc.)

LECOQ (Henri). — **Traité des plantes fourragères**, ou flore des prairies naturelles et artificielles. 2me éd. 1 vol. in-8º de 518 pages et 40 grav. 7.50

LECOUTEUX. — **Culture et ensilage du maïs-fourrage** et des autres fourrages verts (*Bibl. du Cult.*). In-18 de 144 p. et 13 gr. 1.25

LEPLAY. — **Culture du sorgho sucré.** Br. in-8º de 36 pages. 1. »

MICHAUX. — **Plus d'échalas** ; remplacés par des lignes de fil de fer mobiles. In-8º de 18 pages et une planche. . . » 40

MOERMAN (Th.). — **La Ramie, ou Ortie blanche sans dards,** plante textile ; sa description, son origine, sa culture, sa préparation industrielle. Broch. grand in-8º de 112 pages. . 2. »

MOITRIER. — **Culture de l'osier et art du vannier.** 2me éd. In-8º, 60 pages et 3 planches. 2.50

MOUILLEFERT. — **Le Phylloxera** ; résumé des résultats obtenus en 1876 à la station viticole de Cognac. Broch. in-12 de 55 pages. . . . . 1. »

ODART (Comte). — **Ampélographie universelle** ou Traité des cépages les plus estimés. 5me éd. 1 vol. in-8º de 650 pages. 7.50

PEILLARD (A.). — **Méthode préservatrice de la maladie de la vigne due au Phylloxera,** broché gr. in-8º de 24 pages. . . . . » 50

PIERRE (Is.). — **Recherches analytiques sur la valeur comparée de plusieurs des principales variétés de betteraves.** Broch. in-8º de 46 pages . . . . . . » 70

RIONDET. — **L'Olivier** (*Bibl. du Cult.*). In-18 de 140 pages . . 1.25

ROHART (F.). — **État de la question Phylloxera** ; la submersion, régénération par les semis, les cépages américains, l'asphyxie souterraine. 1 vol. in-18 de 160 pages et 16 grav. 2.50

SOFFIETTI. — **Nouveau système pour détruire le Phylloxera** et guérir la maladie des vignes. Broch. in-8º de 36 p. 1. »

VIAS. — **Culture de la vigne en chaintres.** 2me édit. In-8º de 84 pages et 24 grav. 2.50

VILLE (Georges). — **Maladie des pommes de terre.** Grand in-8º de 32 pages. . . . . 1. »

—— **La Betterave et la Législation des sucres.** Grand in-8º de 48 pages et 2 planches 1.25

III. — ANIMAUX DOMESTIQUES

Maison Rustique du XIXe siècle, Tome II (*Voir page* 2).

Herd-Book français, registre des animaux de pur sang, de la race bovine courtes cornes améliorée, dite race de Durham, nés ou importés en France, publié par le ministère de l'agriculture. 8 vol. in-8º ; chaque vol. se vend. . . . . . 5. »

Tome Ier (épuisé). — II (1858). — III (1862). — IV (1866) 2 vol. — V (1869). — VI (1872). — VII (1874). — VIII (1876).

AYRAULT. — **L'Industrie mulassière en Poitou.** 1 vol. in-18 de 200 pages et 3 planches . . . . 3. »

BÉNION. — **Traité des maladies du cheval**, notions usuelles de pharmacie et de médecine vétérinaires ; description et traitement des maladies. 1 vol. in-18 de 340 pages et 25 grav. . . 3.50

—— **Les Races canines ;** origine, transformations, élevage, amélioration, croisement, éducation, races, maladies, taxes, etc. 1 vol. in-18 de 260 pages et 12 grav. 3.50

—— **La race bovine tarentaise** et son rôle dans l'Est-Central, le Sud-Est et le Sud. In-18 de 50 pages. 1.50

—— **L'élevage du mouton dans le centre de la France,** et particulièrement dans l'Indre-et-Loire. In-18 de 50 pages. . 1.25

BORIE (Victor). — **Les Animaux de la ferme**, espèce bovine. 1 très-beau volume, grand in-4°, imprimé avec luxe, renfermant 336 pages avec 65 gravures noires intercalées dans le texte et 46 aquarelles dessinées d'après nature par Ol. de Penne, représentant tous les types de la race bovine.

    Cartonné. 85. »

    Richement relié . . . . 100. »

CHARLIER. — **Principes de la ferrure périplantaire,** dite ferrure Charlier, appliquée au cheval et au bœuf de travail. In-8° de 16 pages et 14 grav. . . . . ».75

DAMPIERRE (de). — **Races bovines** (*Bibl. du Cult.*). 2ᵐᵉ éd. In-18 de 192 pages et 28 grav. 1.25

FLAXLAND. — **La Race bovine en Alsace,** études sur l'élevage, l'entretien, l'amélioration. In-8° de 124 pages. . . . . . 2. »

GAYOT (Eug.). — **La France chevaline, études hippologiques :** le pur sang anglais et arabe ; la consanguinité ; reproduction des races pures ; la production des chevaux de trait ; le demi-sang ; races chevalines de la France ancienne et nouvelle. 4 vol. in-8° ensemble de 1600 pages. . . . . 26. »

—— **Le bétail gras et les concours d'animaux de boucherie.** In-8° de 204 pages. 3.50

—— **Mouches et vers,** in-18 de 248 pages et 33 grav. . . . 3.50

—— **Guide du sportsman**, traité de l'entraînement et des courses de chevaux. 4ᵐᵉ éd. 1 vol. in-18 de 376 p. et 12 gr. 3.50

—— **Achat du cheval,** ou choix raisonné des chevaux d'après leur conformation et leurs aptitudes (*Bibl. du Cult.*). In-18 de 180 pages et 25 grav. 1.25

—— **Poules et Œufs** (*Bibl. du Cult.*). In-18 de 216 p. et 40 gr. 1.25

—— **Lapins, Lièvres et Léporides** (*Bibl. du Cult.*). In-18 de 216 pages et 15 grav. 1.25

GEOFFROY SAINT-HILAIRE. — **Acclimatation et domestication des animaux utiles.** 4ᵐᵉ éd. 1 beau vol. in-8° de 534 pages et 47 grav. . . . . 9. »

GOUX (J.-B.). — **La Race bovine garonnaise.** In-8°, 98 p. 1.50

1,

GRANDEAU (L). — **Instruction pratique sur le calcul des rations alimentaires des animaux de la ferme,** suivie de tableaux indiquant la composition des fourrages et autres aliments du bétail, broch. in-8° de 52 p. et 8 tableaux.   2. »

GUYTON. — **Exposé analytique de la ferrure de Miles.** In-8° de 16 pages et 1 planche. . . . .   1. »

HAYS (Charles du). — **Le Merlerault,** ses herbages, ses éleveurs, ses chevaux. 1 vol. in-18 de 182 pages. . . . .   3. »

—— **Le Cheval percheron** (*Bibl. du Cult.*). In-18 de 176 pages.   1.25

. HÉUZÉ (Gustave). — **Le Porc,** historique, caractères, races ; élevage et engraissement ; abatage et utilisation, études économiques ; 2e éd. 1 vol. in-18 de 322 pages et 50 grav. 3.50

HUARD DU PLESSIS. — **La Chèvre** (*Bibl. du Cult.*). In-18 de 164 pages et 42 grav. 1.25

JACQUE (Ch.). — **Le Poulailler,** monographie des poules indigènes et exotiques, 2me éd. texte et dessins par Jacque. In-18, 360 pages et 117 grav. 3.50

KÜHN (Julius). — **Traité de l'alimentation des bêtes bovines,** traduit de l'allemand sur la cinquième édition par F. Roblin. Petit in-8° de 800 pages et 61 grav. . . . .   5. »

LA BLANCHÈRE (de). — **Les Chiens de chasse,** races françaises et anglaises, chenils, élevage et dressage, maladies (traitement allopathique et homœopathique). 1 beau vol. gr. in-8° de 300 pag. et 53 grav. (Dessins par Ol. de Penne). . . .   6. »
  Le même, avec 8 planches coloriées. . . . .   8. »

LAMORICIÈRE (Général de). — **L'Espèce chevaline en France.** 1 fort vol. in-4° de 312 pages et 3 cartes coloriées. . . . .   5. »

LEFOUR. — **Le Mouton.** 1 vol. in-18 de 392 pages et 76 grav. . .   3.50

—— **Animaux domestiques,** Zootechnie générale (*Bibl. du Cult.*). In-18 de 154 pages et 33 grav. 1.25

—— **Cheval, Ane et Mulet** (*Bibl. du Cult.*). In-18 de 180 pages et 136 grav. 1.25

LÉOUZON. — **Manuel de la porcherie** (*Bibl. du Cult.*). In-18 de 168 pages et 38 grav. 1.25

MAGNE. — **Choix des vaches laitières** (*Bibl. du Cult.*). In-18 de 144 pages et 39 grav. 1.25

MILLET-ROBINET (Mme). — **Basse-cour, Pigeons et Lapins** (*Bibl. du Cult.*). In-18 de 180 pages et 26 grav. 1.25

MORIN (A.). — **L'Éleveur de poulains dans le Perche.** In-18 de 88 pages. . . . .   1. »

PEILLARD (Ch.). — **Ferrure physiologique.** In-16 132 p. et 30 gr.   2. »

PELLETAN. — **Pigeons, Dindons, Oies et Canards** (*Bibl. du Cult.*). 1 vol. in-18 de 180 pages et 20 grav. 1.25

RICHARD (du Cantal). — **Étude du cheval de service et de guerre ;** d'après les principes élémentaires des sciences naturelles appliqués à l'agriculture, 5e éd. In-18 de 590 pages.   5.50

Roche (Ed.). — **Manuel du charretier et du cocher,** simple avis à tous propriétaires et conducteurs d'animaux de trait. Broch. in-16 de 128 pages. D.50

Saive (de). — **L'Inoculation du bétail.** In-8° de 102 pages. . 2.50

Sanson (André). — **Notions usuelles de médecine vétérinaire** (*Bibl. du Cult.*). In-18 de 174 pages et 13 grav. . 1.25

—— **Les Moutons** (*Bibl. du Cult.*). In-18 de 168 p. et 56 grav. 1.25

—— **Traité de Zootechnie,** ou Économie du bétail. 4 vol. in-18, ensemble de 1,700 pages et 193 grav. . . . . . . 14.»

1er vol. (2e éd.) : Zootechnie générale : organisation, fonctions physiologiques et hygiène des animaux domestiques. 444 p., 74 gr.

2e vol. : Zootechnie générale : méthodes zootechniques. 354 pages, 12 grav.

3e vol. : applications ou zootechnie spéciale : cheval, âne, mulet. 364 pages, 18 grav.

4e vol. : applications ou zootechnie spéciale : bœuf, mouton, chèvre, porc. 572 pages, 89 grav.

Chaque volume se vend séparément. 3.50

Vial. — **Engraissement du bœuf** (*Bibl. du Cult.*). In-18 de 180 pages et 12 grav. 1.25

Villeroy. — **Manuel de l'éleveur de chevaux;** anatomie et physiologie du cheval; races; emplois du cheval, éducation, hygiène. 2 vol. in-8° ensemble de 776 pag. et 121 gr. 12. »

—— **Manuel de l'éleveur de bêtes à laine.** 1 vol. in-18 de 336 pages et 54 grav. 3.50

—— **Manuel de l'éleveur de bêtes à cornes** (*Bibl. du Cult.*). In-18 de 308 pages et 65 grav. 1.25

Warsage. — **Aperçu de zootechnie générale** ou notions sur l'éducation de nos animaux domestiques. in-18 de 78 p. 2. »

Wolf. — **Étude de l'alimentation rationnelle des animaux domestiques,** traduit de l'allemand par Ad. Damseaux. 1 vol. in-18 de 380 pages ou tableaux 3.50

Zundel. — **Transport des animaux par chemins de fer,** améliorations à apporter. Petit in-8° de 56 pages. . . . 1. »

IV. — CHIMIE AGRICOLE ET ENGRAIS
PHYSIQUE — MÉTÉOROLOGIE

Maison Rustique du XIXe siècle, Tome Ier (*Voir page* 2).

Baudrimont. — **Préparation et amélioration des fumiers,** et des engrais de ferme en général. Petit in-8° de 168 pages. 2. »

Bortier. — **Coquilles animalisées,** leur emploi en agriculture. In-8° de 8 pages. . . . . 1. »

—— **La tourbe en agriculture**, matière fertilisante. Broch. gr. in-8° de 16 pages et une gravure. . . . . 1. »

—— **Calcaire à nitrification**, matière fertilisante. Broch. gr. in-8° de 8 pages et une gravure. . . . . 1. »

—— **Le sel en agriculture**, absorption plus complète des engrais, etc. Br. gr. in-8° de 16 pages. . . . . 1. »

—— **Tangue ou sablon calcaire marin**, br. gr. in-8° de 16 pages et une carte. . . . . 1. »

DAUVERNÉ. — **Huit leçons d'agriculture et de chimie agricole.** 1 vol. in-18 de 200 pages. 1.25

DUDOUY. — **Comptabilité du sol** ; enlèvement par les plantes et restitution par les engrais des substances organiques et minérales. 1 grand tableau colorié. 3.50

    Collé sur toile, verni, avec rouleaux. 6.50

GRANDEAU. — **Traité d'analyse des matières agricoles.** Sols, eaux, amendements, engrais, principes immédiats des végétaux, fourrages, boissons, fumier, excréments, laine, produits de la laiterie. 1 vol. petit in-8 de 516 pages ou tableaux. 9. »

—— **Stations agronomiques et laboratoires agricoles**, but, organisation, personnel, budget, et travaux (*Bibl. du Cult.*). In-18 de 136 pages, 12 grav. et 1 tableau. 1.25

—— **Les Engrais industriels et le contrôle des stations agronomiques.** Broch. in-8° de 82 pages avec tableaux. 1.50

HEUZÉ (Gustave). — **Les matières fertilisantes**, engrais minéraux, végétaux et animaux, solides et liquides, naturels et artificiels. 4e édition, 1 vol. in-8° de 708 pages et 41 gr. . 9. »

—— **Formules des fumures et des étendues en fourrages** (*Bibl. du Cult.*). In-18 de 72 pages. 1.25

HOUZEAU. — **Détermination de la valeur des engrais**, instruction pour l'emploi de l'azotimètre servant à doser l'azote des engrais. Gr. in-8° de 24 pages, avec tableaux. . . 1. »

JOULIE. — **Guide pour l'achat et l'emploi des engrais chimiques.** 1 vol. in-8° de 488 pages. . . . . . . 3. »

LEFOUR. — **Sol et Engrais** (*Bibl. du Cult.*). In-18 de 176 pages et 54 grav. 1.25

LÉVY (Dr). — **Amélioration du fumier de ferme** par l'association des engrais chimiques et la création de nitrières artificielles. In-18 de 152 pages. . . . . 2. »

MARIÉ-DAVY. — **Météorologie et physique agricoles.** 1 vol. in-18 de 400 pages et 53 grav. 3.50

MUSSA (Louis). — **Pratique des Engrais chimiques**, suivant le système Georges Ville (*Bibl. du Cult.*). In-18 de 144 pages. 1.25

— 13 —

PAGNOUL (A.). — **Station agricole du Pas-de-Calais,** compte-rendu de ses travaux et description des principales méthodes d'analyses employées.

       Année 1873. Broch. in-8° de 78 pages avec carte et plans.   1.50

       — 1874. Broch. in-8° de 68 pages avec carte et plans.   1.50

       — 1875. Broch. in-8° de 100 pages avec carte et plans.   2. »

PETERMANN (A.) — **Les engrais chimiques et les matières fertilisantes,** à l'exposition universelle de Vienne en 1873. In-8° de 64 p. et 1 pl. 2.50

—— **La Composition moyenne des principales plantes cultivées,** tableau colorié. . . . . 8. »

—— **La Composition moyenne des matières fertilisantes du commerce,** broch. de 8 pages et 1 grand tableau colorié. . . . . 3. »

PETIT (Th.). — **Les engrais chimiques dans le sud-ouest.** In-8° de 102 pages. . . . . 1. »

PIERRE (Isidore). — **Chimie agricole,** ou l'agriculture considérée dans ses rapports principaux avec la chimie. 2 vol. in-18 ensemble de 752 pages ou tableaux et 22 grav. . . . . . 7 »

RONNA (A.). — **Rothamsted,** trente années d'expériences agricoles de MM. Lawes et Gilbert. Broch. gr. in-8° de 228 pages avec 6 gr. et 91 tableaux. . . . . 6. »

SACC. — **Chimie du sol** (*Bibl. du Cult.*). In-18 de 148 pages. . . 1.25

—— **Chimie des végétaux** (*Bibl. du Cult.*). In-18 de 220 pages. 1.25

—— **Chimie des animaux** (*Bibl. du Cult.*). In-18 de 154 pages. 1.25

STOCKHARDT. — **Chimie usuelle,** appliquée à l'agriculture et aux arts, traduite par Brustlein. In-18 de 524 p. et 225 gr. 4.50

VILLE (Georges). — **Recherches expérimentales sur la végétation,** mémoires et mélanges. 1 beau vol. grand in-8° de 400 pages, avec des gravures noires et 3 planches. . . 15. »

—— **La production végétale,** conférences agricoles de Vincennes en 1864. 1 beau vol. gr. in-8° de 460 pages. . . . 7.50

—— **Les Engrais chimiques,** entretiens agricoles donnés aux champs d'expériences de Vincennes. 2 vol. in-18 ensemble de 816 p. avec gravures et planches :

    1ᵉ volume : Entretiens de 1867. 4ᵉ édition. 412 pages avec préface nouvelle. 4 gravures et 2 planches 3.50

    2ᵐᵉ vol. : Les engrais chimiques, le fumier et le bétail, nouveaux entretiens agricoles 1874-1875, in-18 de 420 pages et deux tableaux in-folio. 3.50

—— **L'École des engrais chimiques,** premières notions de l'emploi des agents de fertilité (*Bibl. des écoles primaires*). In-12 de 108 pages et 1 planche . . . . 1. »

—— **Résultats obtenus en 1868** au moyen des engrais chimiques. Grand in-8° de 75 pages. . . . . 2. »

1.

V. — INDUSTRIES AGRICOLES

Abeilles et vers à soie ; pisciculture ; vins, boissons et arts agricoles divers.

Maison Rustique du XIXᵉ siècle, Tomes III et IV (*Voir page 2*).

Congrès viticole et séricicole de Lyon en 1872 ;
comptes rendus des travaux. In-8° de 278 pages. . . . . 5. »

ALBÉRIC (Frère). — Les Abeilles et la Ruche à porte-rayons.
1 vol. in-18 de 134 pages et 11 grav. 1.50

BOULLENOIS (de). — Conseils aux nouveaux éducateurs de
vers à soie, 3ᵐᵉ édit. In-8° de 248 pages. 3.50

BOURDOUCHE. — Théorie de la fécule agricole et de ses
dérivés, broch. in-16 de 64 pages. . . . . ».75

CHAVERONDIER (F.). — La Vigne et le Vin, guide théorique et
pratique du vigneron, 2ᵉ éd. 1 vol. in-18 de 360 pages et
38 gravures. 3.50

DOYÈRE. — L'Ensilage. Petit in-8° de 48 pages. . . . . . » 75

GIRARD (Maurice). — Les Insectes utiles, abeilles et vers
à soie, à l'exposition de 1867 ; in-8° de 39 pages. . . . 1.50

GIRET et VINAS. — Chauffage des vins, en vue de les conserver,
les muter et les vieillir. 2ᵉ éd. 1 vol. in-18 de 143 p. et 3 grav. 1.25

GIVELET (Henri). — L'Ailante et son bombyx ; culture de l'ailante, éducation de son bombyx et valeur de la soie qu'on
en tire. 1 vol. grand in-8° de 164 pages et 19 planches. . 5. »

GUYOT (Jules). — Culture de la vigne et vinification. 2ᵉ éd.
1 vol. in-18 de 426 pages et 30 grav 3.50

HUARD DU PLESSIS. — Le Noyer, sa culture et fabrication
des huiles de noix (*Bibl. du Cultiv.*). In-18 de 175 pages,
et 45 gravures. 1.25

MARTIN (de). — Les Fouloirs, Pompes, Pressoirs, au concours
vinicole de Narbonne. 1 vol. in-8° de 68 pages avec tableaux. 2. »

—— Rapports sur l'œnotherme de M. Terrel et sur les
chaudières à échauder la vigne. Br. in-8° de 24 pages
avec deux planches 1.50

—— Fabrication des vins, broch. in-8° de 36 pages . . . 1.50

—— L'eau et les matières colorantes ajoutées à la
vendange, broch. in-8° de 42 pages . . . . 2. »

—— Tribut à la viticulture et à l'œnologie méridio-
nales ; outillage, action du plâtre sur la vendange et sur
le vin, les pressoirs Mabille, broch. in-8° de 60 p. . . . 1.50

MASQUARD (de). — **Les Maladies des vers à soie.** In-8° de 64 pages. 1.75

—— Congrès séricicole de Montpellier, br. in-8° de 24 p. » 50

MOITRIER. — Culture de l'osier et art du vannier, 2ᵉ éd. In-8°, 60 pages et 3 pl. 2.50

MONA (A.). — **L'Abeille italienne**, art d'italianiser les ruches communes. In-18 de 45 pages . . . . » 75

MOULS (L'abbé). — **Les Huîtres,** broch. in-18 de 100 pages. . . 1.25

P** DE M. — **Vers à soie,** régénération, cause de l'épidémie, moyen de la combattre. 3ᵐᵉ éd. In-8° de 31 pages. . . . 2. »

PELLETAN. — **Manuel pratique du microscope appliqué à la sériciculture** (procédés Pasteur). 1 vol. in-18 de 132 p. et 11 grav. . . . . 2. »

PERRET (Michel). — **Trois Questions sur le vin rouge.** In-8° de 10 pages et 4 grav. . . . . » 50

PERSONNAT. — **Le Ver à soie du chêne** (bombyx Yama-maï), son histoire, sa description, ses mœurs, ses produits. 4ᵐᵉ éd. In-8° de 132 pages, 2 grav. noires, et 3 planches coloriées. 3. »

RIBEAUCOURT (de). — **Manuel d'apiculture rationnelle,** 2ᵉ édit. 1 vol. in-16 de 88 pages et 14 grav. . . . . . . 1. »

ROUX (J.-F.). — **Les Vers à soie.** 1 vol. in-12 de 245 pages. . . 1.25

VERGNETTE-LAMOTTE. — **Le Vin.** 2ᵉ éd. 1 vol. in-18 de 402 pages, 31 grav. noires et 3 planches coloriées 3.50

VILLEROY. — **Laiterie, Beurre et Fromages.** 1 vol. in-18 de 392 pages et 59 grav. 3.50

VI. — ÉCONOMIE RURALE ET DOMESTIQUE
ENSEIGNEMENT ET COMPTABILITÉ

Maison Rustique du XIXᵉ siècle, Tome IV (*Voir page 2*).

Enquête sur l'agriculture française, par une réunion de députés. 1 vol. in-8° de 246 pages. 2.50

Étude sur le foyer rustique, traité élémentaire d'économie domestique suivi d'un appendice sur la culture des haricots à tige, par un vieux laboureur, 1 vol. in-18 de 196 p. 1.50

AUDOT (L.-E.). — **La Cuisinière de la campagne et de la ville.** 1 vol. in-12 de 676 pages avec 300 grav. . . . . 3. »

GERMAIN. — La question de l'enseignement élémentaire des sciences naturelles de l'hygiène et de l'agriculture dans les écoles primaires, broch. in-8° de 216 pages. . . . 3. »

GRANGES DE RANCY (de). — Traité de comptabilité agricole. In-8° de 312 pages . . . . 5. »

—— Petit traité de comptabilité agricole en partie simple, 2ᵉ éd. 1 vol. in-8° de 124 pages . . . . 3. »

HEUZÉ (Gustave). — Influence des croisades sur l'agriculture au moyen-âge. Br. in-8° de 23 pages . . . . . ».50

—— Inauguration du monument élevé en l'honneur de Tessier. Broch. in-8° de 70 pages et 2 gravures. . . 1.50

JUILLET. — Émancipation de l'industrie chevaline. In-8° de 46 pages. 1.50

LAVELEYE. — Essai sur l'économie rurale de la Belgique. 1 vol. in-18 de 304 pages 3.50

LAVERGNE (de). — Économie rurale de la France depuis 1789. 1 vol. in-18 de 490 pages 3.50

—— Essai sur l'économie rurale de l'Angleterre, de l'Écosse et de l'Irlande. 1 vol. in-18 de 480 pages. . . . 3.50

—— L'Agriculture et la Population. 1 vol. in-18 de 472 pages. 3.50

—— L'Agriculture et l'Enquête. Grand in-8° de 48 pages. . 1. »

LECLERC. — La Caisse d'épargne et de prévoyance, lettres à un jeune laboureur. In-18 de 60 pages . . . . ».25

LECOUTEUX. — Principes de la culture améliorante. 3ᵉ éd. 1 vol. in-18 de 368 pages 3.50

—— La Question du blé et le gouvernement. In-8° de 32 p. 1. »

—— La République et les Campagnes. In-8° de 70 pages. . 1. »

LEFOUR. — Comptabilité et géométrie agricoles (Bibl. du Cultiv.). In-18 de 214 pages et 104 grav 1.25

LÉOUZON. — Reforme de l'enseignement agricole. In-8° de 27 pages. . . . . 1. »

LURIEU (de) ET ROMAND. — Études sur les colonies agricoles de mendiants, jeunes détenus, orphelins et enfants trouvés (Hollande, Suisse, Belgique et France). 1 vol. in-8° de 462 pages. 7.50

MÉHEUST. — Économie rurale de la Bretagne. In-18 de 220 p. 2.50

MÉRESSE. — **Les Marais salants de l'Ouest**, leur passé, leur présent et leur avenir. 1 vol. in-12 de 192 pages et 1 carte . .3. »

MILLET-ROBINET (Mme). — **Maison rustique des dames,** 10e éd. revue et augmentée. 2 vol. in-18 ensemble de 1400 pages et 235 grav. broché 7.75

Tenue du ménage.

Devoirs et travaux de la maîtresse de maison.
Des domestiques. — De l'ordre à établir.
Comptabilité. — Recettes et dépenses.
La maison et son mobilier.
Chauffage. — Éclairage.
Cave et vins. — Boulangerie et pain.
Provisions du ménage. — Conserves.

Manuel de cuisine.

Manière d'ordonner un repas.
Potages. — Jus, sauces, garnitures.
Viandes. — Gibier. — Poisson.
Légumes. — Purées. — Pâtes.

Entremets. — Pâtisserie. — Bonbons.

Médecine domestique.

Pharmacie. — Médicaments.
Hygiène et maladies des enfants.
Médecine et chirurgie.
Empoisonnements. — Asphyxie.

Jardin. — Ferme.

Disposition générale du jardin.
Jardin fruitier, potager, fleuriste.
Calendrier horticole.
La ferme et son mobilier.
Nourriture. — Éclairage.
Basse-cour. — Abeilles et vers à soie.
Vacherie. — Laiterie et fromagerie.
Bergerie. — Porcherie.

Relié, 10 fr. 75. — Relié, tranches dorées, 12 fr. 75.

—— **Maison rustique des enfants.** in-4° imprimé avec luxe, de 320 pages, 120 grav. dans le texte, dessins de Bayard, O. de Penne, Lambert, etc. et 20 planches hors texte. . . . 8. »

Richement relié . . . . 13. »

—— **Conseils aux jeunes femmes** sur leur condition et leurs devoirs de mère. 1 vol. in-18 de 284 pages et 30 grav. . . 3.50

—— **Économie domestique** (*Bibl. du Cultiv.*). In-18 de 228 pages et 77 grav 1.25

PERRET. — **L'Agriculture et l'Enseignement primaire.** In-8° de 28 pages. . . . . » 60

PERRIN DE GRANDPRÉ. — **Crédit agricole et Caisses d'épargne.** In-8° de 48 pages . . . . 1. »

POUPON. — **L'Art de ramener la vie à bon marché**, et de créer des richesses incalculables. 1 vol. in-8° de 254 pages . . . . 5. »

QUIVOGNE. — **Suppression de l'administration des haras.** In-8° de 64 pages. . . . . 1. »

RONDEAU. — **Projet de crédit agricole.** 1 vol. in-8° de 236 pages. 2. »

ROYER. — **Statistique agricole de la France.** 1 vol. in-8° de 472 pages . . . . 5. »

—— L'Agriculture allemande, ses écoles, son organisation, ses mœurs et ses pratiques. 1 vol. in-8° de 542 pages. 7.50

SAINT-AIGNAN (de). — La Crise agricole, prise de loin et vue de haut. In-8° de 32 pages. . . . .   1. »

SAINT-MARTIN. — Le Crédit agricole, In-8° de 40 pages . . .   2. »

—— De la mendicité et des dépôts de mendicité. In-8° de 93 pages.   3. »

—— L'institution des Caisses d'épargne, son développement dans les communes rurales. In-8° de 19 pages. . . . . .   1. »

SAINTOIN-LEROY.—Cours complet de comptabilité agricole.

1° *Manuel de comptabilité agricole pratique*, en partie simple et en partie double, troisième édition, avec modèle des écritures d'une exploitation rurale pour une année entière. 1 vol. gr. in-8° et tableaux de 192 p.   3. »

2° *Comptabilité-matières de l'agriculteur*, Complément du *Manuel de comptabilité agricole pratique*, suivie du *Livre du travail*, et d'une *Méthode abrégée de tenue des livres agricoles en partie simple*. 1 vol. gr. in-8° de 144 pages, avec nombreux tableaux . . . .   4. »

3° *Comptabilité simplifiée, agricole et commerciale*, mise à la portée de la moyenne et de la petite culture, suivie de la *Comptabilité spéciale des marchands et des artisans*, à l'usage des écoles primaires de garçons et de filles. 1 vol. gr. in-8° et tableaux, de 96 pages . . . . . .   2. »

4° *Pratique de la tenue des livres en agriculture*; l'économie rurale et la comptabilité, 1 vol. grand in-8° de 156 pages et tableaux. . . . .   3. »

Registres pour la grande et la moyenne culture.

Registre-Mémorial de l'agriculteur (comptabilité-matières), réunion de tous les tableaux nécessaires à la constatation de tous les faits d'une exploitation rurale. 1 vol. gr. in-4° oblong. . . . .   3. »

Livre de caisse (comptabilité-espèces), registre en tableaux. Gr. in-4° obl.   2.50

Journal, registre en blanc réglé et folioté. 1 vol. gr. in-4° oblong . . .   2.50.

Grand-Livre, registre en blanc réglé et folioté. 1 vol. gr. in-4° oblong.   3. »

Cahier simplement quadrillé. 1 vol. petit in-4° oblong.   1.25

Comptabilité de la petite culture à l'aide d'un seul livre dit Mémorial-caisse, à l'usage de l'enseignement élémentaire de la comptabilité agricole dans les écoles primaires. In-4° oblong 1.25

Registres pour la comptabilité simplifiée.

Registre unique du cultivateur pour l'application de la comptabilité simplifiée. 1 vol. petit in-4° oblong, de 100 pages. . . . .   2. »

Le même, moins fort, pour les écoles . . . .   » 60

Livre de caisse des marchands. 1 vol. petit in-4° oblong . . . . . .   2. »

Livre de caisse des artisans. 1 vol. petit in-4° oblong . . . .   2. »

Chaque volume ou registre se vend séparément.

VILLE (Georges). — L'Agriculture par la science et le crédit. Gr. in-8° de 44 pages. . . . .   1. »

VIOX (Camille). — De la Réunion territoriale. In-8° de 52 p.   » 50

VII. — GÉNIE RURAL
MACHINES ET CONSTRUCTIONS AGRICOLES

Maison Rustique du XIXᵉ siècle, Tome Iᵉʳ et IV (*Voir page 2*).

BARRAL. — **Drainage des terres arables.** 3ᵉ éd. 2 vol. in-18
ensemble de 960 pages, 443 grav. et 9 planches . . . . . 7. »

—— **Irrigations, engrais liquides et améliorations foncières permanentes.** 1 vol. in-18 de 782 pages avec
138 grav. et 4 planches 7.50

—— **Législation du drainage, des irrigations et autres
améliorations foncières permanentes.** 1 vol. in-18
de 664 pages, avec 18 grav. et 1 planche 7.50
Prix de l'ouvrage complet (les 4 volumes) . . . . . . 20. »

BERTIN. — **Des Chemins vicinaux.** In-8° de 111 pages . . . 1. »

—— **Code des irrigations.** 1 vol. in-8° de 182 pages . . . . 3. »

CASANOVA. — **Manuel de la charrue.** In-18 de 176 p. et 83 gr. 1.75

CHARPENTIER DE COSSIGNY. — **Les irrigations,** notions élémentaires théoriques et pratiques ; application aux terres en culture, jardins et prairies, 1 vol. gr. in-8° de 638 pages et 168
gravures. . . . . 5. »

DAMEY. — **Le Conducteur de machines à battre,** à manège
ou à vapeur. 1 vol. in-18 de 108 pages et 4 grav 1.50

DUPLESSIS. — **Traité de nivellement,** comprenant les principes
généraux, la description et l'usage des instruments, les opéra-
tions et les applications. 1 vol. gr. in-8° de 364 p. et 112 fig. 8. »

—— **Traité du levé des plans et de l'arpentage.** 1 vol.
gr. in-8° de 134 pages et 105 figures. . . . . 4. »

GOUSSARD DE MAYOLLES. — **Moissonneuses, faucheuses et
râteaux à cheval en 1873,** au concours international
de Brizay, 1 vol. gr. in-8° de 216 pages avec gravures. . . 4. »

—— **Moissonneuses et faucheuses-moissonneuses à
Mettray en 1874,** 1 vol. grand in-8° de 152 pages avec
gravures et tableaux . . . . 4. »

GRANDVOINNET. — **Constructions rurales : les Bergeries ;**
dispositions diverses, constructions, matériel meublant. 1 vol.
in-18 de 314 pages et 169 grav. . . . . 5. »

LAMBOT-MIRAVAL. — **Observations sur les moyens de re-
verdir les montagnes et de prévenir les inonda-
tions.** In-8° de 66 pages et 1 planche. . . . . 2. »

LECLERC. — **Matériel et procédés des exploitations rurales et forestières** (*Exposition universelle de* 1867).
1 vol. gr. in-8° de 432 pages, 59 figures intercalées dans le
texte et 7 planches. . . . . 4. »

LECOUTEUX. — **Labourage à vapeur et labours profonds**, résultats du concours international de Petit-Bourg en 1867. 1 vol. grand in-8° à deux colonnes de 96 pages et 14 grav. . 3. »

LEFOUR. — **Culture générale et instruments aratoires** (*Bibl. du Cultiv.*). In-18 de 174 pages et 135 grav 1.25

MIDY. — **Le Drainage et l'Irrigation.** In-8° de 22 pages. . . » 50

MULLER ET VILLEROY. — **Manuel des irrigations.** 1 vol. in-18 de 263 pages et 123 grav 8.50

PLANET (de). — **La Vérité sur les machines à battre.** 1 vol. in-18 de 256 pages . . . . 2. »

TRANIÉ. — **De l'arrosage pratique**, canal d'irrigation de Lestelle, broch. gr. in-8° de 36 pages et 3 planches. . . . . 3. »

VIDALIN (F.). — **Pratique des irrigations** en France et en Algérie (*Bibl. du Cult.*). In-18 de 180 pages et 22 grav. . . . 1.25

VIGNOTTI. — **Irrigations du Piémont et de la Lombardie.** 1 vol. in-18 de 94 pages . . . . » 75

VIII. — BOTANIQUE — HORTICULTURE

Maison Rustique du XIX⁰ siècle, Tome V (*Voir page 2*).

Almanach du Jardinier, par les rédacteurs de la Maison rustique. 192 pages in-32 et nombreuses grav . . . . . » 50

Le Bon Jardinier (122⁰ *édition*), almanach horticole pour 1877, par Poiteau, Vilmorin, Bailly, Decaisne, Naudin, etc.,

Principes généraux de culture. — Calendrier du jardinier ou indication, mois par mois, des travaux à faire dans les jardins. — Description, histoire et culture des plantes potagères, fourragères, économiques. — Céréales. — Arbres fruitiers. — Oignons et plantes à fleurs. — Arbres, arbrisseaux et arbustes utiles et d'agrément. — Vocabulaire des termes de jardinage et de botanique. — Jardin des plantes médicinales. — Tableau des végétaux groupés d'après la place qu'ils doivent occuper dans les parterres, bosquets, etc.

(La 1re édition du *Bon Jardinier* est antérieure à 1755 : une édition nouvelle a été publiée régulièrement chaque année depuis 1755, à deux exceptions près : 1815 et 1871.

Cet ouvrage a été couronné par la Société centrale d'horticulture.

Un vol. in-18 de plus de 1600 pages. . . . . 7. »

Gravures du Bon Jardinier. 23ᵉ édition, contenant :

Principes de la botanique. — Marcottes, boutures, greffe et taille des arbres. — Appareils de la culture forcée. — Construction et chauffage des serres. — Outils et appareils de jardinage. — Composition et ornementation des jardins.

Un volume in-18 de plus de 600 pages avec plus de 700 planches ou gravures. . . . . 7. »

ANDRÉ (Ed.). — **Plantes de terre de bruyère**, description, histoire et culture des Rhododendrons, Azalées, Camellias, Bruyères, Epacris, etc. 1 vol. in-18 de 388 pages et 31 grav.   3.50

—— **Eucalyptus globulus**, broch. gr. in-8° de 16 pages et 2 grav.   1. »

AUDOT. — **Traité de la composition et de l'ornementation des jardins.** 6e éd. représentant en plus de 600 fig. des plans de jardins, modèles de décoration, machines pour élever les eaux, etc. 2 vol. in-4° oblong avec 168 planches gravées.   25. »

BENGY-PUYVALLÉE. — **Culture du pêcher.** 1 vol. in-18 de 230 pages et 3 planches 3.50

BONCENNE. — **Cours élémentaire d'horticulture** (*Bibl. des écoles primaires*). 2 vol. in-12 ensemble de 310 pages et 85 grav . .   1.50

BOSSIN. — **Les Plantes bulbeuses**, espèces, races et variétés avec l'indication des procédés de culture (*Bibl. du Jard.*). 2 vol. in-18 ensemble de 324 pages. 2.50

CARRIÈRE. — **Guide pratique du jardinier multiplicateur,** ou art de propager les végétaux par semis, boutures, greffes, etc. 2e éd. 1 vol. in-18 de 410 pages et 85 grav. 3.50

—— **Encyclopédie horticole.** 1 vol. in-18 de 550 pages . .   3.50

—— **Entretiens familiers sur l'horticulture.** 1 vol. in-18 de 384 pages. 3.50

—— **Production et fixation des variétés dans les végétaux.** 1 vol. in-8° de 72 pages avec 13 grav. et 2 pl. col. .   2. »

—— **Les Arbres et la Civilisation.** In-8° de 416 pages. . .   5. »

—— **Variétés de pêchers et de brugnonniers,** description et classification. Grand in-8° de 104 pages et 1 planche. . .   2. »

—— **Nomenclature des pêches et brugnons.** Petit in-8°, 68 pages . . . .   1. »

—— **Origine des plantes domestiques,** démontrée par la culture du radis sauvage. In-8° de 24 pages et 11 grav. . . .   1. »

—— **Les Pépinières** (*Bibl. du Jard.*). In-18 de 134 p. et 29 grav.   1.25

CHABAUD. — **Végétaux exotiques cultivés en plein air dans la région des orangers.** Gr. in-8° de 48 pages. .   1. »

CORDIER (S.-F.). — **Les Champignons,** histoire, description, culture, usages des espèces comestibles, suspectes, vénéneuses, un magnifique volume grand in-8° jésus, orné de vignettes sur bois et de 60 chromolithographies représentant les espèces les plus remarquables. . . . .   30. »

COURTOIS. — **Conférence sur l'arboriculture fruitière des jardins.** In-8° de 64 pages et 14 gr. . . . .   2. »

DANZANVILLIERS. — **Les Gesnériacées,** culture et multiplication. In-18 de 84 pages. . . . .   1. »

DECAISNE ET NAUDIN. — **Manuel de l'amateur des jardins,** traité général d'horticulture. 4 vol. petit in-8° ensemble de plus de 3000 pages, comprenant plus de 800 fig. . . . . . 30. »

    Chaque volume se vend séparément 7.50

DELCHEVALERIE. — **Les Orchidées**, culture, propagation, nomenclature (*Bibl. du Jard.*). In-18 de 134 pages et 32 grav. . 1.25

—— **Plantes de serre chaude et tempérée**, Construction des serres, culture, multiplication, etc. (*Bibl. du Jard.*). In-18 de 156 pages et 9 grav. 1.25

DUMAS (A.). — **Calendrier horticole** pour le midi et le centre de la France. 2e éd. In-18 de 82 pages 1.25

DUPUIS. — **Arbrisseaux et Arbustes d'ornement de pleine terre** (*Bibl. du Jard.*). In-18 de 122 pages et 25 grav. . . 1.25

—— **Arbres d'ornement de pleine terre** (*Bibl. du Jard.*). In-18 de 162 pages et 40 grav 1.25

—— **Conifères de pleine terre** (*Bibl. du Jard.*). In-18 de 156 pages et 47 grav. 1.25

DUVILLERS. — **Parcs et Jardins.** 1 vol. grand in-folio de 80 pages et 40 planches en noir . . . . 100. »

    Avec planches coloriées. . . . . 130. »

ÉCORCHARD (Dr). — **Nouvelle théorie élémentaire de la botanique,** suivie d'une analyse des familles des plantes qui croissent en France ou qui y sont généralement cultivées et d'un dictionnaire des termes de botanique. 1 vol. in-18 de 520 pages et 210 gr. . . . . 6. »

ERNOUF (Baron). — **L'Art des Jardins,** historique, théorie et pratique de la composition des jardins, parcs, squares. 2 vol. in-18 ensemble de 464 pages et 150 gr. cartonnés. . . . 5. »

GAUDRY. — **Cours pratique d'arboriculture.** 1 vol. in-12 de 304 pages et 16 planches. 2.25

GOURDON (J.) et Ch FOURCADE. — **Principes de botanique** avec un atlas naturel de 16 planches. 1 vol. in-folio avec une élégante reliure anglaise et atlas monté sur onglet. 15. »

HARDY. — **Taille et greffe des arbres fruitiers.** 7e éd. 1 vol. in-8° de 436 pages et 140 grav. 5.50

HÉRINCQ, JACQUES ET DUCHARTRE. — **Manuel général des plantes, arbres et arbustes,** classés selon la méthode de Candolle; description et culture de 25000 plantes indigènes d'Europe ou cultivées dans les serres. 4 vol. grand in-18 jésus à 2 colonnes, ensemble de 3200 pages. . . . . . . 36. »

    Chaque volume se vend séparément . . . . 9. »

NAUDIN. — **Le Potager,** jardin du cultivateur *(Bibl. du Jard.).* In-18 de 180 pages et 34 grav. 1.25

—— Serres et Orangeries de plein air. In-8° de 32 pages. » 75

NOISETTE. — **Manuel complet du jardinier.** 5 vol. in-8° ensemble de 2500 pages et 25 planches. . . . . 25. »

PONCE (J.). — **La Culture maraîchère pratique des environs de Paris.** 1 vol. in-18 de 320 pages et 15 pl. . . 2.50

PRÉCLAIRE. — **Traité théorique et pratique d'arboriculture.** 1 vol. in-8° de 182 pages et un atlas in-4° de 15 planches. 5. »

PUVIS. — **Arbres fruitiers,** taille et mise à fruit. *(Bibl. du Jard.).* In-18 de 168 pages 1.25

RAFARIN. — **Traité du chauffage des serres.** 1 vol. in-8° de 76 pages et 25 grav. 3.50

REMY (Jules). — **Champignons et Truffes.** 1 vol. in-18 de 174 pages et 12 planches coloriées. 3.50

ROQUES (J.). — **Traité des plantes usuelles,** spécialement appliqué à la médecine domestique et au régime alimentaire (1837). 4 vol. in-8° de plus de 200 pages. . . . . . . 16. »

THIBAULT. — **Le Pelargonium** *(Bibl. du Jard.).* In-18 de 116 pages et 10 grav. 1.25

THORY. — **Monographie du genre groseillier.** 1 vol. in-8° de 152 pages (1829) et 24 planches coloriées. . . . . . 6. »

VIALON (P.). — **Le maraîcher bourgeois.** *(Bibl. du jardinier)* In-18 de 128 pages. 1.25

VILMORIN-ANDRIEUX. — **Les Fleurs de pleine terre,** comprenant la description et la culture des fleurs annuelles, vivaces et bulbeuses de pleine terre, 3e éd. 1 volume petit in-8° de 1572 pages, illustré de près de 1300 grav. . . . . . . 12. »

IX.. — SYLVICULTURE

Maison Rustique du XIXᵉ siècle, Tome IV *(Voir page 2).*

ARBOIS DE JUBAINVILLE (d'). — **Règlement du balivage** dans une forêt particulière. In-8° de 64 pages. . . . . . . 2. »

—— **Recherches sur les taillis sous futaies.** In-8° de 57 pages et 2 planches. . . . . 2. »

—— **Observations sur la vente des forêts de l'État.** Br. in-8° de 12 pages . . . . » 50

BORTIER (P.). — **Boisement du littoral et des dunes de la Flandre.** Broch. gr. in-8° de 24 pages et 3 planches. . 2. »

BURGER. — **Du déboisement des campagnes,** dans ses rapports avec la disparition des oiseaux utiles à l'agriculture. Broch. in-8° de 64 pages. . . . . 1. »

—— **Assèchement du sol par les essences forestières.** Broch. in-8°. 1.50

COURVAL (vicomte de). — **Taille et conduite des arbres forestiers.** Grand in-8° de 110 pages et 15 planches. . . 3. »

DES CARS (Comte A.). — **Élagage des arbres,** art de diriger et conserver les arbres forestiers et d'alignement. In-18 de 148 pages et 72 gravures; cartonné . . . . 1. »

DUPUIS. — **Conifères de pleine terre** (*Bibl. du Jard.*). In-18 de 156 pages et 40 grav. 1.25

GURNAUD. — **Traité forestier pratique,** manuel du propriétaire de bois. 1 vol. in-18 de 192 pages avec les tables de cubage. 2. »

—— **Conserver les forêts de l'État et réaliser le matériel surabondant,** études forestières. In-8° de 64 pages. 2. »

—— **Les Bois de l'État et la dette publique,** in-8° de 16 p. » 75

—— **Mémoire de la commune de Syam,** à l'appui d'un pourvoi contre l'aménagement de ses forêts. In-8° de 64 pages. . 2.50

—— **Étude des forêts du Risoux,** faite sur la demande des communes propriétaires. In-8° de 88 pages et 3 planches. . 2.50

KIRWAN (de). — **Les Conifères indigènes et exotiques,** traité pratique des arbres verts ou résineux, 2 vol. in-18 ensemble de 624 pages et 106 gravures, cartonné . . . . . 5. »

LEVAVASSEUR. — **Traité pratique du boisement et reboisement** des montagnes, landes et terrains incultes. In-8° de 56 pages. . . . . 1. »

MARTINET. — **Considérations et recherches sur l'élagage des essences forestières.** 1 vol. in-12 de 180 pages et 41 figures. 1.50

RIBBE (de). — **Incendies de forêts** en Provence, leurs causes, leur histoire, moyens d'y remédier. In-8° de 140 pages. . 3. »

—— **Réponse à l'enquête sur les incendies des forêts** des Maures. In-8° de 92 pages. . . . . 2. »

ROUSSET. — **Études de maître Pierre sur l'agriculture et les forêts.** 1 vol. in-18 de 92 pages. . . . . 1. »

THOMAS. — **Traité général de la culture et de l'exploitation des bois.** 2 vol. in-8°, ensemble de 1,076 pages. . . 10. »

VAULOT. — **Nouvelle méthode d'exploitation des futaies.** Broch. in-8° de 26 pages ou tableaux avec un plan. . . . 1. »

—— **Tarifs homogènes** pour le cubage des bois sur pied. Broch. in-8° de 32 pages ou tableaux. . . . . 1. »

JOURNAUX AGRICOLES ET HORTICOLES

14e ANNÉE. — 1877

GAZETTE DU VILLAGE

Fondée par VICTOR BORIE

PARAISSANT TOUS LES DIMANCHES

Et formant chaque année un beau volume grand in-4° de 416 pages, illustré de nombreuses gravures noires

UN AN : 6 FR. — SIX MOIS : 3 FR. 50

Les abonnements partent du 1er janvier, ou 1er juillet de chaque année

PRIX DE L'ABONNEMENT D'UN AN POUR L'ÉTRANGER

Pays de l'Union postale :

France,	Egypte,	Luxembourg,	Russie,	
Allemagne,	Espagne,	Norwège,	Serbie,	
Autriche,	Gde-Bretagne,	Pays-Bas,	Suède,	7 FR. 50
Belgique,	Grèce,	Portugal,	Suisse,	
Danemarck,	Italie,	Roumanie,	Turquie.	

États-Unis d'Amérique . . . . 9. »

Pour les autres pays, le port en sus.

10 centimes le numéro

Ce journal, contenant 8 pages à deux colonnes, format des journaux littéraires illustrés, publie, chaque semaine, des articles ayant pour but de mettre à la portée de toutes les intelligences les notions élémentaires d'économie rurale, les meilleures méthodes de culture, les inventions nouvelles ; de faire connaître les principales industries et les procédés employés par elles ; et de tenir enfin les lecteurs au courant de tout ce qui se passe d'intéressant dans le monde industriel et agricole.

Une partie du journal, consacrée aux *lectures du soir*, contient un roman choisi avec la sollicitude la plus scrupuleuse.

Instruire et moraliser sans ennui, tel est le programme de la *Gazette du village.*

———

La librairie agricole possède des collections de la *Gazette du Village* de 1864 à 1876, à l'exception des années 1868 et 1869 qui sont épuisées.

Prix de la collection de 1864 à 1876 (moins les années 1868 et 1869 épuisées) 10 vol. in-4° illustrés de nombreuses figures. . . 40 francs.

Envoi franco d'un *Numéro spécimen* à toute personne qui en fait la demande.

49ᵉ ANNÉE. — 1877

REVUE HORTICOLE

JOURNAL D'HORTICULTURE PRATIQUE

FONDÉE EN 1829 PAR LES AUTEURS DU BON JARDINIER

Paraissant le 1ᵉʳ et le 16 de chaque mois par livraison grand in-8° de 24 pages à deux colonnes, avec une planche coloriée, et des gravures sur bois; et formant chaque année un beau volume in-8° de 480 pages avec 24 planches coloriées et de nombreuses gravures noires.

Rédacteur en chef : E.-A. CARRIÈRE
Chef des pépinières au Muséum d'histoire naturelle.

Principaux collaborateurs : MM. André, Aurange, Baltet, Barillet, Batise, Boncenne, Briot, Buchetet, Carbou; Castillon (cᵗᵉ de), Chabaud, Clémenceau, Daveau, Devansaye (de la), Delchevalerie, Du Breuil, Dumas, Dupuis, Ermens, Faudrin, Gagnaire, Glady, Gumbleton, Hardy, des Héberts, Hélye, Hénon, Houllet, Kolb, Jamain, Lachaume, de Lambertye, Lambin, Lhérault, Loury, Margotin, Martins, Mayer de Jouhe, de Mortillet, Nardy, Naudin, Neumann, d'Ounous, Palmer, Pulliat, Quetier, Rafarin, Rivière, Roué, Sisley, Ternisien, Thomas, Truffaut, Vallerand, Vavin, Verlot, Vilmorin, Weber, etc.

UN AN : 20 fr. — SIX MOIS : 10 fr. 50

Les abonnements partent du 1ᵉʳ janvier, ou du 1ᵉʳ juillet

PRIX DE L'ABONNEMENT D'UN AN POUR L'ÉTRANGER

Pays de l'Union postale. 20 fr. | États-Unis d'Amérique. 23 fr.

Pour les autres pays, le port en sus.

La librairie agricole ne possède pas de collection complète (1829 à 1876) de la *Revue horticole;* mais elle possède des collections depuis 1861 (à l'exception de l'année 1870-71 épuisée) c'est-à-dire depuis que la *Revue* est publiée dans le format actuel, gr. in-8°.

Prix de la collection de 1861 à 1876 (moins l'année 1870-71 épuisée) 14 vol. . . . . 280 francs.

Envoi franco d'un *Numéro spécimen* à toute personne qui en fait la demande.

41ᵉ ANNÉE. — 1877

JOURNAL
D'AGRICULTURE PRATIQUE

MONITEUR DES COMICES, DES PROPRIÉTAIRES ET DES FERMIERS

(Seconde partie de la *Maison rustique du dix-neuvième siècle*)

Fondé en 1837 par Alexandre Bixio

Paraissant toutes les semaines par livraisons de 48 pages, grand in-8° à deux colonnes, et formant chaque année deux beaux volumes in-8° ensemble de 1900 pages avec plus de 250 gravures noires.

Rédacteur en chef : E. LECOUTEUX

Propriétaire-Agriculteur

MEMBRE DE LA SOCIÉTÉ CENTRALE D'AGRICULTURE
PROFESSEUR D'ÉCONOMIE RURALE A L'INSTITUT NATIONAL AGRONOMIQUE
SECRÉTAIRE GÉNÉRAL DE LA SOCIÉTÉ DES AGRICULTEURS DE FRANCE
MEMBRE HONORAIRE DE LA SOCIÉTÉ ROYALE D'AGRICULTURE D'ANGLETERRE.

Secrétaire de la rédaction : *A. de Céris.*

PRINCIPAUX COLLABORATEURS : MM. Bouley, Boussingault, Sainte Claire-Deville, Drouyn de Lhuys, Duchartre, Dumas, Hervé-Mangon, Michel Chevalier, Naudin, Pasteur, membres de l'Institut ;

MM. de Béhague, Borie, Bouchardat, de Dampierre, Gayot, Heuzé, Magne, Moll, Nadault de Buffon, Reynal, de Vibraye, de Voguë, membres de la Société centrale d'agriculture.

MM. Bobierre, Chazely, Convert, Damourette, Grandeau, de La Blanchère, Victor Lefranc, Eug. Marie, Marié-Davy, Mayre, Millot, Mouillefert, Is. Pierre, Rampont, Touaillon, de Vergnette-Lamotte, G. Ville, et un nombre considérable d'agriculteurs, de savants, d'économistes, d'agronomes de toutes les parties de la France et de l'étranger.

UN AN : **20** fr. — SIX MOIS : **10** fr. **50**

Les abonnements partent du 1ᵉʳ janvier ou du 1ᵉʳ juillet

PRIX DE L'ABONNEMENT D'UN AN POUR L'ÉTRANGER.

Pays de l'Union postale. 20 fr. | **États-Unis-d'Amérique. 23 fr.**

Pour les autres pays, le port en sus.

La Librairie agricole possède encore quelques collections complètes du *Journal d'Agriculture pratique* (de 1837 à 1876).

Prix de la collection complète : 63 vol. . . . . . 600 fr.

Envoi franco d'un *Numéro spécimen* à toute personne qui en fait la demande.

ENSEIGNEMENT PRIMAIRE AGRICOLE

Agriculture (*Petite école d'*) par P. Joigneaux, 1 vol. in-18 de 124 pages et 42 grav. cartonné toile 1.25

Agriculture (*Traité élémentaire et pratique d'*) par Laurençon. 2 vol. in-12 de 248 pages et 44 grav. 1.50

Alphabet et syllabaire, par Edm. Douay. In-12 de 64 pages et 25 grav. . . . . ».75

Arithmétique agricole, par Lefour. In-12 de 128 pages. . . ».75

Devoirs de l'homme envers les animaux, par J. Chalot. In-12 de 128 pages . . . . ».75

École des engrais chimiques, premières notions des agents de la fertilité, par Georges Ville. In-18 de 108 pages. . . . . . . 1. »

Grammaire française raisonnée, par Edm. Douay. In-12 de 128 pages. . . . . ».75

Histoire du grand Jacquet, métayer, par Méplain et Taisy. In-12, 144 pages. . . . . ».75

Horticulture (*Cours élémentaire*), par Boncenne. 2 vol. in-12 ensemble de 310 pages et 85 gravures. 1.50

Jeudis de M. Dulaurier, par V. Borie. 2 vol. in-12 ensemble de 272 pages et 97 grav. 1.50

Lectures et dictées d'agriculture, par G. Heuzé. In-12, 128 pages. . . . . ».75

Lectures choisies pour la campagne, par Halphen. In-18, 106 pages . . . . ».50

Loisirs d'un instituteur, par Vidal. in-12, 128 pages. . . . ».75

Petit questionnaire agricole à l'usage des écoles primaires des pays de pâturage, par Ed. Teisserenc de Bort. 1 vol. in-18 de 192 pages et 16 gravures cartonné toile à l'anglaise 1.25

Petits entretiens sur la vie des champs, par P. Joigneaux, in-18 de 112 pages avec grav., cartonné. . . . . ».60

300 problèmes agricoles, par Lefour. In-18, 36 pages. . . . ».50

Huit tableaux muraux pour l'enseignement agricole. 1° Outils de main-d'œuvre : — 2° Instruments d'extérieur de ferme ; — 3° Instruments d'intérieur de ferme ; — 4° Plantes alimentaires et industrielles ; — 5° Plantes fourragères ; — 6° Arbres fruitiers et forestiers ; — 7° Animaux domestiques ; — 8° Hygiène des campagnes . . . . 2. »

Chaque tableau se vend séparément. . . . . ».30

BIBLIOTHÈQUE AGRICOLE ET HORTICOLE

46 VOLUMES A 3 FR. 50

A. B. C. de l'agriculture pratique et chimique, par Perny de M***. 4e éd. 360 pages.

Agriculture et la population (l'), par L. de Lavergne. 472 pag.

Agriculture de la France méridionale, par Riondet. 484 pag.

Agriculture moderne (Lettres sur l'), par Liebig. 244 pages.

Alimentation rationnelle des animaux domestiques (Étude de l'), par Wolf, traduit de l'allemand par Damseaux, in-18 de 880 pages ou tableaux.

Bêtes à laine (Manuel de l'éleveur de), par Villeroy. 336 p., 54 grav.

Botanique populaire, par Lecoq. 408 pages, 215 grav.

Causeries sur l'agriculture et l'horticulture, par Joigneaux. 403 pages, 27 grav.

Champignons et Truffes, par J. Remy. 174 pages, 12 pl. coloriées.

Chimie agricole, par Is. Pierre. 2 vol. 752 pages, 22 grav.

Conseils aux jeunes femmes sur leur condition et leurs devoirs de mère, par Mme Millet-Robinet. 284 pages, 30 grav.

Culture améliorante (Principes de la) par Lecouteux. 368 pages.

Douze mois (les), Calendrier agricole, par V. Borie. 380 p., 80 gr.

Économie rurale de la France depuis 1789, par L. de Lavergne. 490 pages.

Économie rurale de l'Angleterre, de l'Écosse et de l'Irlande, par L. de Lavergne. 480 pages.

Économie rurale de la Belgique, par Laveleyc. 304 pages.

Encyclopédie horticole, par Carrière. 550 pages.

Engrais chimiques, par Georges Ville, 2 vol.

> Tome Ier : Entretiens de 1867, 4e édit. 1 vol. in-18 de 412 pages, 4 gr. et 2 planches.
>
> — II : Les engrais chimiques, le fumier et le bétail, nouveaux entretiens agricoles 1874-1875, 1 vol. in-18 de 420 pages et deux tableaux in-folio.

Entretiens familiers sur l'horticulture, par Carrière, in-18 de 384 pages.

Irrigations (Manuel des), par Muller et Villeroy. 263 p. et 123 grav.

Jardinier multiplicateur (Guide pratique du), par Carrière. 410 pages, 85 grav.

Laiterie, Beurre et Fromages, par Villeroy. 392 pages, 59 gr.

Leçons élémentaires d'agriculture, par Masure. 2 vol.

> Tome Ier : Les plantes de grande culture, leur organisation et leur alimentation, 330 pages, 32 grav.
> — II : Vie aérienne et vie souterraine des plantes de grande culture, 477 pages, 20 grav.

Maladies du cheval (Traité des), par Bénion. In-18 de 340 pages et 25 gr.

Météorologie et physique agricoles, par Marié Davy. 400 pag., 53 grav.

Mouches et Vers, par Eug. Gayot. 248 pages, 33 grav.

Mouton (le), par Lefour. 392 pages, 76 grav.

Pêcher (Culture du), par Bengy-Puyvallée. 230 pages et 3 planches.

Plantes de terre de bruyère, par Ed. André. 388 p., 31 grav.

Porc (le), par Gustave Heuzé. 2e éd. 322 pages et 50 grav.

Poulailler (le), par Ch. Jacque. 360 pages et 117 grav.

Races canines (les), par Bénion. 260 pages et 12 grav.

Sportsman (Guide du), par Eug. Gayot. 376 pages et 12 grav.

Vers à soie (Conseils aux nouveaux éducateurs), par de Boullenois. 3me édit., in-8° de 248 pages.

Vigne (la), par Carrière. 396 pages et 122 grav.

Vigne (Culture de la) **et vinification**, par J. Guyot. 2e éd. 426 pages, 30 grav.

Vigne (la) **et le Vin**, par F. Chaverondier, 2e édit. 1 vol. in-18 de 60 pages et 38 gravures.

Vin (le), par de Vergnette-Lamotte. 402 pages, 31 grav. noires et 3 planches coloriées.

Voyage agricole en Russie, par L. de Fontenay, 1 vol. in-18 de 570 p.

Zootechnie (Traité de) ou Économie du bétail, par A. Sanson. 4 v.

> Tome Ier : Zootechnie générale : organisation, fonctions physiologiques et hygiène des animaux domestiques agricoles, 444 pages, 74 grav.
> — II : Zootechnie générale : Méthodes zootechniques, 354 pages, 12 grav.
> — III : Applications : cheval, âne, mulet, 364 pages, 18 grav.
> — IV : Applications : bœuf, mouton, chèvre, porc, 572 pages. 89 grav.

BIBLIOTHÈQUE DU CULTIVATEUR

39 VOLUMES IN-18 A 1 FR. 25

Agriculteur commençant (Manuel de l'), par Schwerz. 332 p.

Animaux domestiques, par Lefour, 154 pages et 33 gravures.

Basse-cour, Pigeons et Lapins, par Mme Millet-Robinet. 5me édition. 180 pages, 26 grav.

Bêtes à cornes (Manuel de l'éleveur de), par Villeroy. 308 p. et 65 gr.

Calendrier du métayer, par Damourette. 180 pages.

Champs et les Prés (les), par Joigneaux. 154 pages.

Cheval (Achat du), par Gayot. 180 pages et 25 grav.

Cheval, Ane et Mulet, par Lefour. 180 pages et 136 grav.

Cheval percheron, par du Hays. 176 pages.

Chèvre (la), par Huard du Plessis. 164 pages et 42 grav.

Chimie du sol, par le Dr Sacc. 148 pages.

Chimie des végétaux, par le Dr Sacc. 220 pages.

Chimie des animaux, par le Dr Sacc. 154 pages.

Comptabilité et géométrie agricoles, par Lefour. 214 pages et 104 grav.

Comptabilité de la ferme, par Dubost et Pacout. 124 pages.

Culture générale et instruments aratoires, par Lefour. 174 pages et 135 grav.

Économie domestique, par Mme Millet-Robinet. 228 p. et 77 gr.

Engrais chimiques (Pratique des), par L. Mussa. 144 pages.

Engraissement du bœuf, par Vial. 180 pages et 12 grav.

Fermage (estimation, baux, etc.), par de Gasparin. 3e éd. 216 pages.

Fumures et des étendues en fourrages (formules des), par Gustave Heuzé. 2e édit. 72 pages.

Irrigations (Pratique des), par Vidalin. 180 pages, 22 grav.

Lapins, Lièvres et Léporides, par Eug. Gayot. 216 pages; 15 gr.

Maïs-fourrage (Culture et ensilage du) et des autres fourrages verts, par E. Lecouteux. 144 pages et 13 grav.

Médecine vétérinaire (Notions usuelles de), par Sanson. 174 pages et 18 grav.

Métayage, par de Gasparin. 2e édition. 164 pages.

Moutons (les), par A. Sanson. 168 pages et 56 grav.

Noyer (le), sa culture, par Huard du Plessis. 175 pages et 45 grav.

Olivier (l'), par Riondet. 140 pages.

Pigeons, Dindons, Oies et Canards, par Pelletan, 180 p. et 20 gr.

Plantes oléagineuses (les), par G. Heuzé. 180 pages et 30 grav.

Porcherie (Manuel de la), par L. Léouzon. 168 pages et 38 grav.

Poules et Œufs, par E. Gayot. 216 pages et 40 grav.

Races bovines, par Dampierre. 2ᵉ édit. 192 pages et 28 grav.

Sol et Engrais, par Lefour. 176 pages et 54 grav.

Stations agronomiques et laboratoires agricoles, par L. Grandeau. 136 pages, 12 grav. et un tableau.

Tabac (le), sa culture, par Schlœsing et Grandeau. 114 pages.

Travaux des champs, par Victor Borie. 188 pages et 121 grav.

Vaches laitières (Choix des), par Magne. 144 pages et 39 grav.

BIBLIOTHÈQUE DU JARDINIER

20 VOLUMES IN-18 A 1 FR. 25

Arbres fruitiers. Taille et mise à fruit, par Puvis. 167 pages.

Arbres d'ornement de pleine terre, par Dupuis. 162 p., 40 gr.

Arbrisseaux et Arbustes d'ornement de pleine terre, par Dupuis. 122 pages et 25 grav.

Asperge. Culture, par Loisel. 108 pages et 8 grav.

Cactées, par Ch. Lemaire. 140 pages, 11 grav.

Champignon de couche (le), par J. Lachaume, 108 pages et 7 grav.

Conférences sur le jardinage et la culture des arbres fruitiers, par Joigneaux. 144 pages.

Conifères de pleine terre, par Dupuis. 156 pages et 47 grav.

Maraîcher bourgeois (Le), par P. Vialon, 128 pages.

Melon, Nouvelle méthode de le cultiver, par Loisel. 108 pag. et 7 gr.

Orchidées (les) par Delchevalerie. 134 pages, 32 grav.

Pelargonium (le), par Thibaut. 2ᵉ éd. 116 pages et 10 grav.

Pépinières (les), par Carrière. 134 pages et 29 grav.

Plantes bulbeuses, espèces, races et variétés, par Bossin. 2 vol. ensemble de 324 pages.

Plantes grasses autres que Cactées, par Ch. Lemaire. 136 p., 13 gr.,

Plantes de serre chaude et tempérée, par Delchevalerie. 156 pages, 9 grav.

Potager (le), jardin du cultivateur, par Naudin. 180 pag., 84 grav.

Roses, Pensées, Violettes, Primevères, Auricules, Balsamines, Pétunias, Pivoines, Verveines, par Marx-Lepelletier, 116 pages.

Rosier (Le), par Lachaume, 180 pages et 34 grav.

TABLE ALPHABÉTIQUE DES NOMS D'AUTEURS

Pelletan, 10, 15.
Perny de M., 5, 15.
Perret (Michel), 15, 18.
Perrin de Grandpré, 18.
Personnat, 15.
Petermann, 13.
Petit (Th.), 13.
Pichat, 5.
Pierre (Isidore), 8, 13.
Planet (de), 21.
Poiteau, 21.
Ponce (J.), 6, 25.
Poupon, 18.
Préclaire, 25.
Puvis (A.), 25.

Quivogne, 18.

Rafarin, 25.
Remy (Jules), 25.
Ribbe (de), 26.
Ribeaucourt (de), 15.
Richard (du Cantal), 6, 10.
Riondet, 6, 8.

Roblin, 10 (*Voy. Kühn*).
Roche, 11.
Rohart, 8.
Romand, 17 (*Voy. Lurieu*).
Rondeau, 18.
Ronna, 13.
Roques, 25.
Rousset, 26.
Roux (J.-F.), 15.
Royer, 18.

Sacc, 13.
Saint-Aignan (de), 19.
Saint-Martin, 19.
Saintoin-Leroy, 19.
Saive (de), 11.
Sanson (André), 11.
Schlœsing, 6 (*Voy. Grandeau*).
Schwerz, 6.
Soffietti, 8.
Stockhardt, 13.

Taisy, 30.
Teisserenc de Bort, 6, 30.

Thomas, 26.
Thory, 25.
Tranié, 21.

Vaulot, 26.
Vergnette-Lamotte, 15.
Vial, 11.
Vialon, 25.
Vias, 8.
Vidal, 30.
Vidalin, 21.
Vignotti, 21.
Ville (Georges), 8, 13, 19, 30.
Villeroy, 11, 15, 21 (*Voy. Muller*).
Vilmorin, 21.
Vilmorin-Andrieux, 25.
Vinas, 14 (*Voy. Giret*).
Viox (Camille), 19.
Warsage, 11.
Westerweller (H. de), 3.
Wolf, 11.
Zundel, 11.

AVIS IMPORTANT

La Librairie Agricole, ne pouvant ouvrir un compte à toutes les personnes qui s'adressent à elle, est forcée de n'exécuter que les commandes accompagnées de leur paiement.

Toute commande de livres doit donc être accompagnée du montant de sa valeur et des **frais de port** quand l'envoi doit être expédié par la poste. Ajouter pour ces frais de port 0 fr. 25 au montant de toute commande inférieure à 2 fr. 50, et 10 % du montant de la commande au dessus de 2 fr. 50.

Nos clients peuvent payer leurs commandes par l'envoi de billets de banque ou timbres-poste, mandats-poste dont le talon sert de quittance, chèques ou mandats sur Paris, à l'ordre du *Directeur de la Librairie Agricole de la maison Rustique.*

Conditions spéciales offertes à nos abonnés.

Les abonnés du *Journal d'Agriculture pratique*, de la *Revue horticole*, ou de la *Gazette du Village* ont droit à une remise de 10 % sur tous les livres qu'ils prennent directement à Paris, à la Librairie agricole, — ou à l'envoi franco, si ces livres doivent être expédiés en province ou dans un pays faisant partie de *l'Union postale.*

Pour les abonnés de France seulement, les commandes de plus de 50 francs sont expédiées *franco* et sous déduction d'une remise de *dix pour cent.*

La commande doit toujours être accompagnée du montant de sa valeur.

On ne reçoit que les lettres affranchies.

TYPOGRAPHIE FIRMIN-DIDOT. — MESNIL (EURE).

.

EXTRAIT DU CATALOGUE

• DE LA

LIBRAIRIE AGRICOLE DE LA MAISON RUSTIQUE

RUE JACOB, 26, A PARIS

PARIS. — IMP. SIMON RAÇON ET COMP., RUE D'ERFURTH, 1.